21 世纪全国高职高专机电类规划教材

AutoCAD 应用教程

主　编　韩东霞　刘松雪　张　超
副主编　王　茜　张小苏
参　编　吕　琦　王瑜蕾　傅春艳

内 容 简 介

本书详细介绍了利用 AutoCAD 2008 中文版绘制各种工程图样的方法，主要内容有绘图环境设置、图层管理方法、各种图形绘制命令与图形编辑命令的使用及应用各种尺寸样式进行尺寸标注的方法等。

本书的特点是示例丰富，对各类机械、公路、建筑工程图样的图形绘制过程作了细致分析，力求做到简洁明了，以实用性为标准，着重培养学生动手操作能力。为了便于学生学习及教师讲解，书中还提供了大量实际应用的工程图例作为习题。

本书可作为高职院校教材，也可作为自学参考和就业培训用书。

图书在版编目（CIP）数据

AutoCAD 应用教程/韩东霞，刘松雪，张超主编. —北京：北京大学出版社，2009.2
（21 世纪全国高职高专机电类规划教材）
ISBN 978-7-301-14664-4

Ⅰ. A… Ⅱ. ① 韩… ② 刘… ③ 张… Ⅲ. 计算机辅助设计－应用软件，AutoCAD 2008－高等学校：技术学校－教材 Ⅳ.TP391.72

中国版本图书馆 CIP 数据核字（2008）第 185910 号

书　　　　名：	AutoCAD 应用教程
著作责任者：	韩东霞　刘松雪　张　超　主编
策划编辑：	郭　芳
责任编辑：	郭　芳
标准书号：	ISBN 978-7-301-14664-4/TP · 0992
出 版 者：	北京大学出版社
地　　　址：	北京市海淀区成府路 205 号　100871
电　　　话：	邮购部 62752015　发行部 62750672　编辑部 62765126　出版部 62754962
网　　　址：	http://www.pup.cn
电子信箱：	xxjs@pup.pku.edu.cn
印　刷　者：	涿州市星河印刷有限公司
发　行　者：	北京大学出版社
经　销　者：	新华书店

787 毫米×980 毫米　16 开本　17.25 印张　377 千字
2009 年 2 月第 1 版　2014 年 1 月第 3 次印刷

定　　价：29.00 元

未经许可，不得以任何方式复制或抄袭本书之部分或全部内容。
版权所有，侵权必究
举报电话：010－62752024；电子信箱：fd@pup.pku.edu.cn

前　言

现阶段是我国高等职业教育改革与发展的关键期，走"工学结合"道路，加强职业技能训练，培养高级技能型人才是当前高等教育的特点。为了更好地配合专业教学，深化教学内容改革，我们组织了来自教学一线的教师编写了本教材。

本教材在编写时力求做到简洁明了，以实用性为标准，具有如下特点。

（1）注重各种知识在实际中的应用，着重培养学生动手操作能力。

（2）安排具有代表性与趣味性例题来讲解各种命令的使用方法。

（3）贯彻为专业服务、以培养学生实践技能为宗旨，所选工程图样全部来自生产实践一线。

（4）为了更好地巩固所学知识，还专门编写了上机操作练习题。

本书由韩东霞、刘松雪、张超担任主编；王茜、张小苏担任副主编；吕琦、干瑜蕾、傅春艳担任参编。具体编写分工为：第1、2、5章由张超编写；第3、7章由刘松雪编写；第4章由吕琦、刘松雪编写；第6、8章由韩东霞编写；第9章由王茜编写；第10章由张小苏、王瑜蕾编写；第11章由张超、傅春艳编写；第12章由韩东霞、刘松雪、张超编写。

尽管我们在编写中做了很多努力，但由于作者的水平有限，教材内容难免有疏漏之处，恳请选用本教材的广大师生和读者提出宝贵意见，以便修订时调整与改进。

编　者

2009年1月

目　　录

第一篇　AutoCAD 绘图基础

第 1 章　AutoCAD 概述 3
  1.1　AutoCAD 2008 的工作界面 3
  1.2　图形文件的基本操作 8
  1.3　命令的使用 11
  1.4　鼠标的操作 12

第 2 章　AutoCAD 绘图基础知识 14
  2.1　坐标系与坐标 14
  2.2　绘图环境设置 16
      2.2.1　设置图形单位 16
      2.2.2　设置图形界限 18
      2.2.3　设置辅助绘图功能 18
  2.3　图层 22
      2.3.1　创建图层 22
      2.3.2　设置图层的颜色、线型和线宽 23
      2.3.3　图层的管理 26
  2.4　控制图形显示 28

第 3 章　图形绘制 31
  3.1　绘制点 31
  3.2　绘制直线 33
  3.3　绘制矩形和正多边形 36
      3.3.1　绘制矩形 36
      3.3.2　绘制正多边形 37
  3.4　绘制圆与圆弧 38
      3.4.1　绘制圆 38
      3.4.2　绘制圆弧 39
  3.5　绘制椭圆与椭圆弧 42

3.5.1　绘制椭圆 42
　　　3.5.2　绘制椭圆弧 43
　3.6　绘制圆环 44
　3.7　绘制多段线与样条曲线 44
　　　3.7.1　绘制多段线 44
　　　3.7.2　绘制样条曲线 46
　3.8　绘制多线 47
　3.9　图案填充 50
　3.10　面域 56
第 4 章　图形编辑 58
　4.1　选择对象 58
　4.2　删除、复制和偏移对象 59
　　　4.2.1　删除对象 59
　　　4.2.2　复制对象 60
　　　4.2.3　偏移对象 61
　4.3　镜像、阵列对象 62
　　　4.3.1　镜像对象 62
　　　4.3.2　阵列对象 63
　4.4　调整对象的位置 66
　　　4.4.1　移动对象 66
　　　4.4.2　旋转对象 67
　　　4.4.3　对齐对象 68
　4.5　调整对象的尺寸 69
　　　4.5.1　拉长对象 69
　　　4.5.2　拉伸对象 70
　　　4.5.3　缩放对象 71
　4.6　修剪、延伸对象 73
　　　4.6.1　修剪对象 73
　　　4.6.2　延伸对象 75
　4.7　打断、分解对象 76
　　　4.7.1　打断对象 76
　　　4.7.2　分解对象 78
　4.8　倒角操作 78

4.8.1　倒圆角 78
　　　4.8.2　倒直角 80
　4.9　编辑多段线和多线 82
　　　4.9.1　编辑多段线 82
　　　4.9.2　编辑多线 84

第5章　文本的使用 86
　5.1　设置文字样式 86
　　　5.1.1　新建文字样式 86
　　　5.1.2　修改文字样式 88
　5.2　标注单行文本 89
　5.3　标注多行文本 92
　5.4　修改文字 95
　　　5.4.1　修改单行文字 95
　　　5.4.2　修改多行文字 95

第6章　尺寸标注 96
　6.1　设置尺寸标注样式 96
　　　6.1.1　创建尺寸标注样式 96
　　　6.1.2　设置线样式 97
　　　6.1.3　设置符号和箭头样式 99
　　　6.1.4　设置文字样式 100
　　　6.1.5　设置调整样式 102
　　　6.1.6　设置主单位样式 104
　　　6.1.7　设置换算单位样式 106
　　　6.1.8　设置公差样式 107
　6.2　线性标注与对齐标注 108
　　　6.2.1　线性标注 108
　　　6.2.2　对齐标注 109
　6.3　弧长标注、径向标注与角度标注 110
　　　6.3.1　弧长标注 110
　　　6.3.2　径向标注 111
　　　6.3.3　角度标注 112
　6.4　基线标注与连续标注 113
　6.5　快速标注与间距标注 114

  6.5.1 快速标注 114

  6.5.2 间距标注 116

 6.6 公差标注与一般引线标注 117

  6.6.1 公差标注 117

  6.6.2 一般引线标注 118

 6.7 编辑尺寸标注 119

第 7 章 图块 122

 7.1 创建与插入 122

  7.1.1 图块的创建 122

  7.1.2 插入图块 125

 7.2 图块的属性 126

  7.2.1 定义图块的属性 126

  7.2.2 编辑图块的属性 128

  7.2.3 管理图块的属性 130

第二篇　AutoCAD 绘图应用

第 8 章 机械制图应用实例 135

 8.1 平面图 135

  8.1.1 创建 A4 图幅样板文件 135

  8.1.2 绘制平面图 140

 8.2 轴承座三视图 145

  8.2.1 绘制准备 145

  8.2.2 绘制主视图 146

  8.2.3 绘制俯视图 148

  8.2.4 绘制左视图 151

  8.2.5 标注尺寸 153

 8.3 齿轮零件图 156

  8.3.1 绘制主视图 157

  8.3.2 绘制左视图 158

  8.3.3 标注尺寸与文本 160

 8.4 轴零件图 161

  8.4.1 绘制主视图 161

  8.4.2 绘制断面图 163

8.4.3　标注尺寸与文本 164
第9章　公路工程制图应用实例 167
　9.1　圆管涵端墙式单孔构造图 167
　　9.1.1　绘图准备 168
　　9.1.2　绘制纵剖面图 169
　　9.1.3　绘制平面图 175
　　9.1.4　绘制洞口正面图 181
　9.2　T型梁钢筋结构图 185
　　9.2.1　绘制钢筋成型图 185
　　9.2.2　绘制立面图 188
　　9.2.3　绘制断面图 190
　9.3　空心板梁桥总体布置图 192
　　9.3.1　绘制轴线和作图基准线 194
　　9.3.2　绘制立面图 194
　　9.3.3　绘制平面图 203
　　9.3.4　绘制断面图 211
第10章　建筑制图应用实例 217
　10.1　建筑平面图 217
　　10.1.1　绘图准备 218
　　10.1.2　绘制平面图 219
　　10.1.3　标注尺寸、文字和轴线编号 224
　10.2　建筑立面图 226
　　10.2.1　绘图准备 226
　　10.2.2　绘制立面图 228
　　10.2.3　标注图形 233
　10.3　建筑剖面图 233
　　10.3.1　绘图准备 234
　　10.3.2　绘制剖面图 236
　　10.3.3　标注图形 240

第三篇　AutoCAD 绘图操作

第11章　基础操作 243
第12章　综合操作 253

第一篇

AutoCAD 绘图基础

第一篇

AutoCAD 绘图基础

第 1 章 AutoCAD 概述

AutoCAD 是自动计算机辅助设计（Automatic Computer Aided Design）的英文简写，是指利用计算机的计算功能和图形处理功能，对产品进行辅助设计分析、修改和优化。

AutoCAD 是美国 Autodesk 公司推出的目前最流行的 CAD 软件之一，自 1982 年推出 V1.0 版本至今已有近三十年的历史了，早期是一个基于 DOS 操作系统命令行式的程序，如今已经演化成一个完全的 Windows 应用程序。

经过不断的版本更新，AutoCAD 的功能也越来越强大，最新推出了 AutoCAD 2008 中文版。AutoCAD 2008 中文版是一大型通用计算机辅助绘图和设计软件包，具有功能强大、易于掌握、使用方便、体系结构开放等特点。它广泛应用于机械、路桥、土木工程、电子、轻工、建筑等行业，深受广大工程技术人员的欢迎。

1.1 AutoCAD 2008 的工作界面

AutoCAD 2008 提供了二维草图与注释、三维建模和 AutoCAD 经典 3 种工作空间模式。AutoCAD 经典工作空间的工作界面由标题栏、菜单栏、工具栏、绘图窗口、命令行和状态栏等部分组成，如图 1-1 所示。

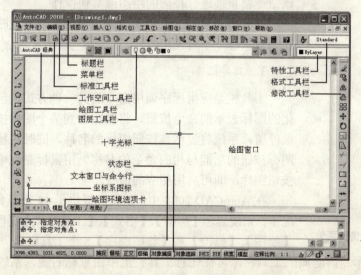

图 1-1 AutoCAD 2008 中文版的工作界面

1. 标题栏

标题栏位于 AutoCAD 2008 工作界面的最上方,其最左边显示应用程序小图标,单击它会弹出一个 AutoCAD 窗口控制下拉菜单,可以执行最小化或最大化及关闭 AutoCAD 等操作。应用程序小图标右边显示系统当前正在运行的应用程序名称(AutoCAD 2008)和用户正在使用的图形文件名称,如果是 AutoCAD 默认的图形文件,其名称为 DrawingX .dwg(X 是数字),当用户保存该文件时,系统会提示用户输入新名称。标题栏最右边有 3 个按钮,分别表示最小化、最大化/还原和关闭窗口。

2. 菜单栏

菜单栏位于标题栏的下方,包含【文件】、【编辑】、【视图】、【插入】、【格式】、【工具】、【绘图】、【标注】、【修改】、【窗口】和【帮助】11 个菜单。它们几乎包含了 AutoCAD 全部的功能和命令。用户单击其中的任一菜单,即可弹出其下拉菜单。下拉菜单中的命令会出现以下 4 种情况。

(1) 带有子菜单的菜单命令。当命令后出现"▶"符号时,表示该命令下还有子命令。

(2) 打开对话框的菜单命令。当命令后出现"…"符号时,表示该命令可打开相应的对话框,供用户作进一步的选择或设置。

(3) 直接操作的菜单命令。当命令后没有任何符号时,表示该命令将直接进行相应的绘图或其他操作。

(4) 不可使用的菜单命令。当命令呈现灰色时,表示该命令在当前状态下不可使用。

3. 工具栏

工具栏是应用程序调用命令的另一种方式,包含许多用形象化的图标表示的命令按钮。将鼠标移到某个图标按钮之上,并稍做停留,系统将显示该按钮图标的名称,同时在状态栏中显示该图标按钮的功能与相应命令的名称。用鼠标左键单击工具栏中的按钮图标,即可启用相应的命令。

在 AutoCAD 2008 中,系统共提供了 37 个工具栏。在默认情况下,系统显示【标准】、【格式】、【工作空间】、【图层】、【特性】、【绘图】、【修改】和【绘图顺序】8 个工具栏。

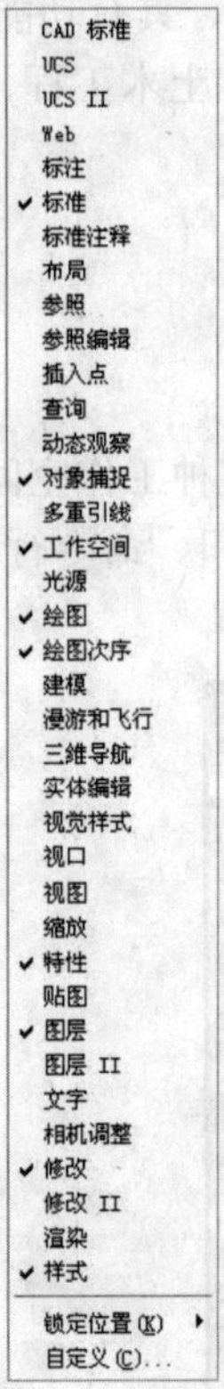

图 1-2 工具栏快捷菜单

如果要显示当前隐藏的工具栏,可在任意工具栏上单击鼠标右键,系统会弹出工具栏快捷菜单,通过选择工具栏名称即可显示相应的工具栏,如图 1-2 所示。

工具栏可以在绘图区浮动,此时将显示该工具栏标题,如图 1-3(a)所示;用鼠标拖动浮动工具栏到图形区边界,可以使它变为固定工具栏,此时该工具栏标题被隐藏,如图 1-3(b)所示。

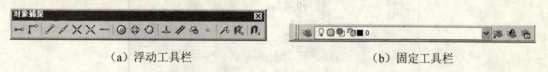

(a)浮动工具栏　　　　　　　　　　(b)固定工具栏

图 1-3　浮动与固定工具栏

4. 绘图窗口

绘图窗口是用户绘图的工作区域,它位于工作界面的中心位置。绘图窗口相当于工程制图中绘图用的绘图纸,用户绘制的图形将显示于该窗口。用户可根据需要关闭其周围的各工具栏,以增大绘图空间。如果图纸比较大,需要查看未显示部分时,可以拖动窗口右边与下边滚动条上的滑块来移动图纸。

在默认情况下,绘图窗口是黑色背景、白色线条,用户可根据需要修改绘图窗口颜色,操作步骤如下。

(1)选择【工具】|【选项】命令,打开【选项】对话框,如图 1-4 所示。

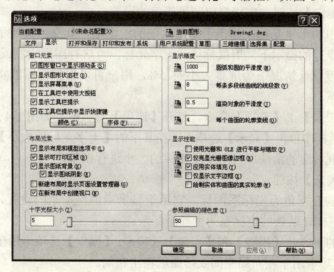

图 1-4　【选项】对话框

(2)在该对话框中单击【显示】选项卡,在其下单击【窗口元素】选项组中的【颜色】按钮,打开【图形窗口颜色】对话框,如图 1-5 所示。

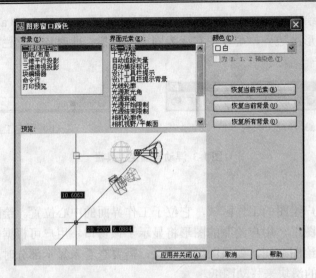

图 1-5 【图形窗口颜色】对话框

(3) 在该对话框的【颜色】下拉列表框中选择需要的窗口颜色，如白色，然后单击【应用并关闭】按钮，返回到【选项】对话框中。

(4) 单击【确定】按钮，完成窗口背景颜色的设置。

在绘图区域中的十字光标，相当于手工绘图的绘图笔，其交点反映了光标在当前坐标系的位置。在命令行的提示下，用鼠标移动十字光标，可进行图形绘制或其他相关操作。

十字光标长度默认情况下为屏幕大小的 5%，用户可以根据绘图的实际需要更改其大小，操作步骤如下：

(1) 选择【工具】|【选项】命令，打开【选项】对话框，如图 1-4 所示。

(2) 在该对话框中单击【显示】选项卡，在其下的【十字光标的大小】文本框中输入数值或者拖动文本框右边的滑块即可对十字光标的大小进行调整。

(3) 单击【确定】按钮。

在绘图窗口的左下角为坐标系图标。它用于显示当前坐标系的设置，如坐标原点、X 轴、Y 轴、Z 轴正向。默认的坐标系为世界坐标系。

在绘图窗口的下方是【模型】和【布局】选项卡。【模型】选项卡用于在模型空间绘制图形。【布局】选项卡用于在布局空间安排图纸输出布局。

5. 命令行窗口与文本窗口

命令行窗口用于接收用户通过键盘输入的命令，并显示 AutoCAD 提示信息。在默认方式下，命令行窗口位于绘图窗口的下方，且分为两部分显示三行文字：其中上面两行用于显示前面使用过的命令或状态；第三行显示"命令："提示符，用户可在里面输入命令，AutoCAD 将显示提示和消息。

在 AutoCAD 2008 中，命令行窗口可以拖放为浮动窗口，如图 1-6 所示。

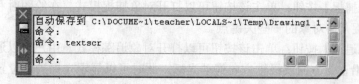

图 1-6 浮动命令行

AutoCAD 文本窗口是记录 AutoCAD 命令的窗口，是放大的命令行窗口，用来记录用户已执行的命令，也可以用来输入新命令。在 AutoCAD 2008 中，选择【视图】|【显示】|【文本窗口】命令或执行 TEXTSCR 命令均可打开【AutoCAD 文本窗口】，如图 1-7 所示。

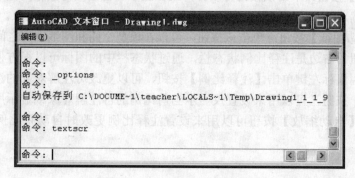

图 1-7 AutoCAD 文本窗口

6. 状态栏

状态栏位于 AutoCAD 2008 工作界面的底部，用来显示 AutoCAD 当前的状态。用户在绘图窗口中移动十字光标时，在状态栏左侧的坐标区中将动态的显示当前坐标值。在 AutoCAD 中，坐标显示取决于所选择的模式和程序中运行的命令，共有相对、绝对和无 3 种模式。

在坐标区右侧依次有【捕捉】、【栅格】、【正交】、【极轴】、【对象捕捉】、【对象追踪】、【DUCS】、【DYN】、【线宽】和【模型或图纸】10 个功能按钮，其功能如下。

（1）【捕捉】按钮：单击该按钮打开捕捉设置后，光标只能在 X 轴、Y 轴和极轴方向移动固定的距离（即精确移动）。

（2）【栅格】按钮：单击该按钮可以打开栅格显示，此时屏幕上将布满小点。

（3）【正交】按钮：单击该按钮可以打开正交模式，此时只能绘制水平直线和垂直直线。

（4）【极轴】按钮：单击该按钮可以打开极轴追踪模式。在绘制图形时，系统将根据设置显示一条追踪线，用户可在该追踪线上根据提示精确移动光标，从而进行精确绘图。在默认情况下，系统预设了 4 个极轴。

（5）【对象捕捉】按钮：单击该按钮可以打开对象捕捉模式。在绘图时利用对象捕捉功能可以自动捕捉几何对象的一些关键点。

（6）【对象追踪】按钮：单击该按钮可以打开对象追踪模式。用户可以通过捕捉对象上的关键点，并沿正交方向或极轴方向拖动光标，此时可以显示光标当前位置与捕捉点之间的相对关系。若找到符合要求的点，直接用鼠标左键单击即可。

（7）【DUCS】按钮：单击该按钮，可以允许或禁止动态 UCS。

（8）【DYN】按钮：单击该按钮，将在绘制图形时自动显示动态输入文本框，方便绘图时设置精确数值。

（9）【线宽】按钮：单击该按钮可以打开线宽显示。在绘图时如果为图层和所绘图形设置了不同的线宽，打开该按钮可以在屏幕上显示各种具有不同线宽的对象。

（10）【模型/图纸】按钮：单击该按钮，可以在模型空间和图纸空间之间切换。

在功能按钮的右边是注释比例状态栏，通过状态栏中的图标可以很方便的访问常用注释比例功能。用鼠标左键单击【注释比例】按钮，可以更改可注解对象的注释比例；单击【注释可见性】按钮，可以用来设置仅显示当前比例的可注解对象或显示所有比例的可注解对象；单击【自动缩放】按钮可以用来设置注释比例更改时自动将比例添加至可注解对象。

1.2 图形文件的基本操作

1. 建立新的图形文件

（1）使用默认设置创建新图形文件

使用默认设置创建一幅空白图形文件时，需双击桌面上的 AutoCAD 图标即可（系统将自动为图形命名为 DrawingX.dwg）。

（2）使用样板创建新图形文件

使用样板创建新图形文件操作步骤如下。

① 选择【文件】|【新建】命令，或在【标准】工具栏中单击新建按钮，打开【选择样板】对话框，如图 1-8 所示。

② 在该对话框的【名称】样板列表框中选择一个样板，这时在右侧的【预览】框中将显示出该样板的预览图像。

第 1 章 AutoCAD 概述

图 1-8 【选择样板】对话框

③ 单击【打开】按钮，即可创建以选定样板为模型的图形文件。系统默认的样板名称为 acadiso.dwt。

2. 打开图形文件

打开图形文件的步骤如下。

（1）选择【文件】|【打开】命令，或在【标准】工具栏中单击打开按钮，打开【选择文件】对话框，如图 1-9 所示。

图 1-9 【选择文件】对话框

（2）在该对话框的【搜索】下拉列表框中选择文件被保存的文件夹。

（3）在【名称】列表框中选择需要打开的图形文件，这时在右侧的【预览】区域中将显示出该图形的预览图像。

（4）单击【打开】按钮即可打开已选择的图形文件。

在 AutoCAD 中可以同时打开一个或多个图形文件，使用【窗口】菜单中的命令可以控制多个图形文件的显示方式。在默认的情况下，打开的图形文件的格式为.dwg 格式。

3．保存图形文件

在 AutoCAD 中，一般使用以下两种方式将所绘制的图形以文件方式存入磁盘。

（1）以当前文件名保存图形。该操作为：选择【文件】|【保存】命令，或在【标准】工具栏中单击保存按钮，即可以当前使用的文件名保存图形。

在第一次保存创建的图形时，系统将打开【图形另存为】对话框，如图 1-10 所示。在默认情况下，文件以【AutoCAD2007 图形（*.dwg）】格式保存，也可在【文件类型】下拉列表框中选择其他格式。

图 1-10 【图形另存为】对话框

（2）以新的文件名保存图形。该操作步骤如下：

① 选择【文件】|【另存为】命令，打开【图形另存为】对话框，如图 1-10 所示。

② 在该对话框的【文件名】下拉列表框中输入文件的新名称，并指定文件保存的位置和文件类型。

③ 单击【保存】按钮即可将当前文件以新的名称保存。

4. 关闭图形文件

关闭图形文件的操作为：选择【文件】|【关闭】命令（CLOSE），或在【标准】工具栏中单击关闭按钮 ×，即可关闭当前图形文件。

执行关闭命令后，如果当前图形没有保存，系统将弹出 AutoCAD 警告对话框，询问是否保存文件，如图 1-11 所示。在该对话框中，单击【是（Y）】按钮或直接按 Enter 键，可以保存当前图形文件并将其关闭；单击【否（N）】按钮，可以关闭当前图形文件但不保存；单击【取消】按钮，取消关闭当前图形文件操作。

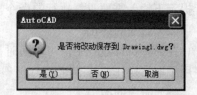

图 1-11　信息提示对话框

如果当前所编辑的图形文件没有命名，单击【是（Y）】按钮后，系统会打开【图形另存为】对话框，要求确定文件存放的位置和名称。

1.3　命令的使用

1. 命令的启用方式

在 AutoCAD 中，命令是系统的核心，菜单命令、工具按钮和命令都是相互对应的。用户执行的所有操作其实质就是要启用相应的命令。通常情况下，在 AutoCAD 中，命令的启用方式有以下 4 种。

（1）使用菜单启用命令。在菜单栏中依次选择菜单中的选项命令，即可启用某一命令。

（2）使用工具按钮启用命令。单击工具栏上的工具按钮，即可启动相应的命令。

（3）使用键盘输入命令。当命令行出现【命令:】提示符时，通过键盘输入命令后按 Enter 键即可启用该命令（应用该法需使用英文命令）。

（4）使用快捷菜单选择命令。

① 在绘图窗口中单击鼠标右键，将弹出相应的快捷菜单，此时可从中选择需要执行的命令即可启用该命令。

② 在命令行窗口中单击鼠标右键，将弹出相应的快捷菜单，通过它可以选择最近使用过的 6 个命令，此时从中选择需要执行的命令即可启用该命令。

2. 命令的重复、终止与撤销

（1）命令的重复

在 AutoCAD 中，可以使用以下方法来重复执行 AutoCAD 命令。

① 要重复执行上一个命令，可以按 Enter 键或空格键，或在绘图区域中单击鼠标右键，在弹出的快捷菜单中选择【重复】命令。

② 要重复执行最近使用的 6 个命令中的某一个命令，可以在命令行窗口或文本窗口中单击鼠标右键，在弹出的【近期使用的命令】快捷菜单中选择需要重复执行的命令。

③ 要多次重复执行同一个命令，可以在命令行窗口中输入 multiple 命令，然后在命令行提示下输入需要重复执行的命令，此时 AutoCAD 将重复执行该命令，直到按 Esc 键为止。

（2）命令的终止

在命令执行过程中，可以随时按 Esc 键中止执行任何命令。因为 Esc 键是 Windows 程序用于取消操作的标准键。

（3）命令的撤销

在 AutoCAD 中，可以使用以下两种方法撤销已执行的命令。

① 选择【编辑】|【放弃】命令，或单击标准工具栏上的放弃按钮，即可撤销前面执行的一个命令。

② 输入 undo 命令可以放弃单个操作，也可以一次撤销前面进行的多个操作。

执行 undo 命令后，命令行提示如下。

输入要放弃的操作数目或 [自动（A）/控制（C）/开始（BE）/结束（E）/标记（M）/后退（B）] <1>：

此时直接按 Enter 键，表示使用默认选项，将放弃前面执行的一个操作；在命令提示行中输入要放弃的操作数目，如输入 5，表示要放弃最近的 5 个操作。

如果要重做使用 undo 命令放弃的最后一个操作，可以使用 redo 命令或选择【编辑】|【重画】命令。

1.4 鼠标的操作

在 AutoCAD 绘图环境中，鼠标除具有 Windows 环境下的基本功能外，还是定点输入设备。鼠标操作是使用 AutoCAD 进行画图、编辑最重要的操作。灵活的使用鼠标，对于加快绘图速度，提高绘图质量起着关键性的作用。

鼠标的左、右键在 AutoCAD 绘图环境中有特定的作用。鼠标的操作通常有鼠标指向、单击鼠标左键、双击鼠标左键、单击鼠标右键及拖动鼠标等。

（1）鼠标指向：将鼠标指针移到某图标上，稍作停留后，将自动显示该图标的名称。

（2）单击鼠标左键：将鼠标指向某一对象，按一下鼠标左键。单击鼠标左键通常用于选择目标、确定位置、执行按钮所代表的命令。

（3）双击鼠标左键：将鼠标指向某一对象或选项，保持鼠标位置不动，快速按两下鼠标左键。双击鼠标左键通常用于启动程序或打开对话框。

（4）单击鼠标右键：将鼠标指向某一对象，按一下鼠标右键。单击鼠标右键通常用于结束选择、重复上一次命令或弹出快捷菜单。

（5）拖动鼠标：将鼠标指向某一对象，按住鼠标左键不放，再移动鼠标。拖动鼠标通常用于平移窗口、拖动滚动条、动态平移、动态缩放、拖动工具栏至合适位置等。

在执行不同命令时，鼠标指针的形状是不一样的，不同的指针形状表示鼠标处于不同的命令中。

第 2 章 AutoCAD 绘图基础知识

2.1 坐标系与坐标

1. 坐标系

在使用 AutoCAD 绘图时，常常需要输入点的坐标，这就需要在绘图前确定坐标系。AutoCAD 将坐标系分为世界坐标系（WCS）和用户坐标系（UCS）。

（1）世界坐标系（WCS）。在默认情况下，当前坐标系为世界坐标系，其 X 轴为水平方向，向右为正；Y 轴为垂直方向，向上为正；Z 轴方向垂直于 XY 平面，指向用户为正；当坐标原点不在坐标系的交汇点时，坐标轴的交汇处显示"□"形标记，如图 2-1（a）所示；当坐标原点和坐标系的交汇点重合时，其图标如图 2-1（b）所示。

（2）用户坐标系（UCS）。用户为了更好地辅助绘图，经常需要修改坐标系的原点和方向，此时世界坐标系将变为用户坐标系。用户坐标系是用户自己相对于世界坐标系而建立的，用户坐标系的原点以及 X 轴、Y 轴、Z 轴方向都可以移动及旋转。用户坐标系图标如图 2-1（c）所示。

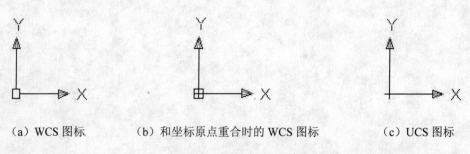

(a) WCS 图标　　　(b) 和坐标原点重合时的 WCS 图标　　　(c) UCS 图标

图 2-1　WCS 图标和 UCS 图标

2. 坐标

在 AutoCAD 中，坐标有两种显示模式：动态坐标和静态坐标。

（1）动态坐标：在动态坐标模式下，系统会根据十字光标位置变化显示光标的绝对坐标值或相对极坐标值，如图 2-2（a）和图 2-2（b）所示。

（2）静态坐标：在静态坐标模式下，随着鼠标指针的移动，相应的坐标值不发生变化，此时坐标处于关闭状态，显示为灰色，如图 2-2（c）所示。

第 2 章 AutoCAD 绘图基础知识

(a) 绝对坐标状态　　　(b) 相对极坐标状态　　　(c) 关闭状态

图 2-2　坐标显示状态

在绘制图形时，采用坐标精确定位的方法有 5 种，即绝对坐标法、相对坐标法、绝对极坐标法、相对极坐标法和使用直接坐标输入法。

（1）绝对坐标法。它是利用直角坐标方式，直接输入绘制点到坐标系原点的 X、Y、Z 坐标值来确定点的位置的方法。在二维空间中，AutoCAD 将 Z 坐标值自动分配为 0。

【例 2-1】　使用绝对坐标法绘制如图 2-3 所示的长方形。

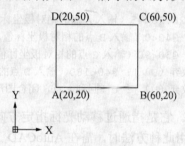

图 2-3　长方形

执行命令过程如下。

命令：_line 指定第一点：20,20　（输入 A 点的绝对坐标值）
指定下一点或 [放弃(U)]：60,20　（输入 B 点的绝对坐标值）
指定下一点或 [放弃(U)]：60,50　（输入 C 点的绝对坐标值）
指定下一点或 [闭合(C)/放弃(U)]：20,50　（输入 D 点的绝对坐标值）
指定下一点或 [闭合(C)/放弃(U)]：c　（回到 A 点，闭合图形）

（2）相对坐标法。它是利用直角坐标方式，直接输入绘制点基于上一输入点的 X、Y、Z 坐标值来确定点的位置的方法。要输入相对坐标，需使用@符号作为前缀。例如，输入 @1,0，则表示在 X 轴正方向上距离上一点一个单位的点。

【例 2-2】　使用相对坐标法绘制图 2-3 所示的长方形。

执行命令过程如下。

命令：_line 指定第一点：20,20　（输入 A 点的绝对坐标值）
指定下一点或 [放弃(U)]：@40,0　（输入 B 点的相对坐标值，参照点为 A 点）
指定下一点或 [放弃(U)]：@0,30　（输入 C 点的相对坐标值，参照点为 B 点）
指定下一点或 [闭合(C)/放弃(U)]：@-40,0（输入 D 点的相对坐标值，参照点为 C 点）
指定下一点或 [闭合(C)/放弃(U)]：c　（回到 A 点，闭合图形）

(3)绝对极坐标法。它是利用极坐标方式,直接输入绘制点基于原点的极坐标值来确定点的位置的方法。在 AutoCAD 中输入极坐标需用 "<" 分隔距离和角度,如输入 5<45,表示此点距离原点 5 个单位,且与 X 轴成 45°。在默认情况下,角度按逆时针方向增大;按顺时针方向减小(要指定顺时针方向,需在角度值前输入负号)。

(4)相对极坐标法。它是利用极坐标方式,直接输入绘制点基于上一输入点的极坐标值来确定点的位置的方法。要输入相对极坐标,也需使用@符号作为前缀。例如,输入@5<45,表示指定一点,此点距离上一指定点 5 个单位,并且与 X 轴成 45°。

【例 2-3】 使用极坐标法绘制图 2-3 所示的长方形。

执行命令过程如下。

命令:_line 指定第一点:28.28<45(输入 A 点的绝对极坐标值)
指定下一点或 [放弃(U)]:@40<0(输入 B 点的相对极坐标值,参照点为 A 点)
指定下一点或 [放弃(U)]:@30<90(输入 C 点的相对极坐标值,参照点为 B 点)
指定下一点或 [闭合(C)/放弃(U)]:@40<180(输入 D 点的相对极坐标值,参照点为 C 点)
指定下一点或 [闭合(C)/放弃(U)]:c(回到 A 点,闭合图形)

(5)使用直接坐标输入法。它是指通过移动光标指定方向,然后直接输入距离以确定点的位置的一种方法。通常使用此种方法时,需在 AutoCAD 工作界面中,打开【正交】或【极轴】或【对象追踪】按钮。

【例 2-4】 使用直接坐标输入法绘制图 2-3 所示的长方形。

执行命令过程如下。

命令:_line 指定第一点:<正交开> 20,20(打开【正交】按钮,输入 A 点绝对坐标)
指定下一点或 [放弃(U)]:40(右移鼠标,输入 40 得到 B 点)
指定下一点或 [放弃(U)]:30(上移鼠标,输入 30 得到 C 点)
指定下一点或 [闭合(C)/放弃(U)]:40(左移鼠标,输入 40 得到 D 点)
指定下一点或 [闭合(C)/放弃(U)]:c(回到 A 点,闭合图形)

2.2 绘图环境设置

2.2.1 设置图形单位

在 AutoCAD 中绘制图形时,需要设置绘图单位,常用以下两种方法。

(1)从菜单栏中选择【格式】|【单位】命令。

(2)在命令行窗口中输入 units 并按 Enter 键。

使用【单位】命令后,系统将弹出【图形单位】对话框,如图 2-4 所示。

第 2 章 AutoCAD 绘图基础知识

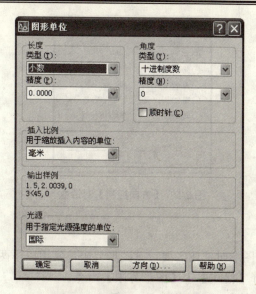

图 2-4 【图形单位】对话框

【图形单位】对话框中的各选项功能如下。

（1）【长度】选项组：用于设置长度单位的类型和精度。在该选项组中有以下两个选项。

①【类型】下拉列表框：在该下拉列表框中有【分数】、【工程】、【建筑】、【科学】、【小数】5 种类型供选择，默认选项为【小数】。

②【精度】下拉列表框：在该下拉列表框中有 9 种精度供选择，默认选项为保留小数点后四位。

（2）【角度】选项组：用于设置角度单位的类型和精度。在该选项组中有以下两个选项。

①【类型】下拉列表框：在该下拉列表框中有【百分数】、【度/分/秒】、【弧度】、【勘测单位】、【十进制度数】5 种类型供选择，默认选项为【十进制度数】。

②【精度】下拉列表框：在该下拉列表框中有 9 种精度供选择，默认选项为保留整数。

（3）【插入比例】下拉列表框：用于设置插入当前图形的块的测量单位，默认的单位是毫米。如果块在创建时使用的单位与该选项指定的单位不同，则在插入块时对其自动按比例（块使用的单位与当前图形使用的单位之比）缩放。

（4）【方向】按钮：单击该按钮后，系统将弹出【方向控制】对话框，如图 2-5 所示。该对话框用于设置基准角度的正方向，默认设置为水平向右为零度角的起始方向，逆时针为正角，顺时针为负角。

图 2-5 【方向控制】对话框

2.2.2 设置图形界限

在 AutoCAD 中绘制图形时，还需要设置图形界限，常用以下两种方法。
（1）从菜单栏中选择【格式】|【图形界限】命令。
（2）在命令行窗口中输入 limits 并按 Enter 键。

使用【图形界限】命令后，命令行提示如下。

重新设置模型空间界限：
指定左下角点或 [开(ON)/关(OFF)] <0.0000,0.0000>:
指定右上角点 <420.0000,297.0000>:

该命令行提示的各选项功能如下。
（1）【指定左下角点】：用于输入左下角点的坐标值。
（2）【指定右下角点】：用于输入右上角点的坐标值。
（3）【开（ON）】：用于设置使绘图边界有效。使用该选项时，在绘图边界以外拾取的点系统视为无效。
（4）【关（OFF）】：用于设置使绘图边界无效。使用该选项时，在绘图边界以外拾取点系统视为有效。

2.2.3 设置辅助绘图功能

在 AutoCAD 中绘制图形时，不仅可以通过指定点的坐标来实现，还可以使用系统提供的【正交】、【对象捕捉】、【对象追踪】等功能，在不输入坐标的情况下快速、精确的绘制图形。

1. 正交绘图

在 AutoCAD 绘图的过程中，经常需要绘制水平直线和垂直直线，此时需启用正交模式。

其操作方法是：单击状态栏中的【正交】按钮或输入 ortho 命令。在此模式下移动光标，光标只能沿水平或垂直方向移动，画出的线段都是平行于坐标轴的正交线段。

2. 对象捕捉绘图

在 AutoCAD 绘图的过程中，经常需要用到一些特殊的点，如圆心，切点，线段的端点、中点等。利用 AutoCAD 提供的对象捕捉功能，可以轻松的构造出新的几何体，使创建的对象被精确地画出来，其结果比传统的手工绘图更精确。其操作方法是：单击状态栏中的【对象捕捉】按钮，即可启用该功能。

对象捕捉模式有近 20 种，为了更好地利用该功能，在绘制图形地时，需要根据图形的实际需要进行选取，这就需要对【对象捕捉】功能进行设置。其操作步骤如下：

（1）在菜单栏中选择【工具】|【草图设置】命令，或在【对象捕捉】按钮上单击鼠标右键，在弹出的快捷菜单中选择【设置】按钮，此时将打开【草图设置】对话框。

（2）在该对话框中单击【对象捕捉】选项卡，即可设置对象捕捉模式，如图 2-6 所示。

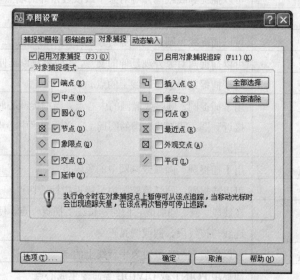

图 2-6 【草图设置】对话框中的【对象捕捉】选项卡

（3）勾选【启用对象捕捉】复选框，使【对象捕捉模式】选项组中的各种捕捉模式处于激活状态。

（4）勾选【启用对象捕捉追踪】复选框，打开自动追踪功能。

（5）在【对象捕捉模式】选项组中勾选需要的各种捕捉模式的复选框，则此模式被打开；也可单击【全部选择】按钮，则所有模式均被勾选。

（6）单击【确定】按钮，退出【草图设置】对话框。

为了使用户更方便地实现捕捉特征点的目的,在使用对象捕捉功能时还需打开【对象捕捉】工具栏,如图 2-7 所示。该工具栏中的各按钮模式及功能如表 2-1 所示。

图 2-7 【对象捕捉】工具栏

【对象捕捉】工具栏中的各按钮模式及功能如表 2-1 所示。

表 2-1 对象捕捉模式及功能

按钮图标	捕捉模式	功　　能
	临时追踪点	可以捕捉到通过两个参考点的水平与垂直直线的交点
	捕捉自	可以捕捉到一个选定坐标点的相对坐标点
	端点	可以捕捉到线或圆弧等对象中最接近指针的端点
	中点	可以捕捉到线或圆弧等对象的中点
	交点	可以捕捉线、圆弧或圆等对象彼此之间的交点
	外观交点	可以捕捉两对象外观延伸的交点,即如果对象延伸则会显示出相交的点
	延长线	用于捕捉某对象延长线上的点
	圆心	用于捕捉圆、圆弧或椭圆的中心点,当捕捉圆心时,必须将指针移动并接近到圆、圆弧或椭圆的圆周上,当出现"中心点"标记时,方可捕捉到圆心
	象限点	用于捕捉圆、圆弧或椭圆中的象限点
	切点	可以捕捉圆、圆弧或椭圆中最接近指针的切点
	垂足	在线段、圆、圆弧或它们的延长线上捕捉一点,使之与最后生成的点的连线与该线段、圆或圆弧正交
	平行线	可以捕捉到与选取对象平行线上的点
	节点	捕捉用 POINT 或 DIVIDE 等命令生成的点
	插入点	用于捕捉文本对象或图块的插入点
	最近点	用于捕捉离鼠标指针最近的线段、圆、圆弧等对象上的点
	无	取消执行中的捕捉命令

【例 2-5】 使用对象捕捉模式,绘制如图 2-8(a)所示圆的内公切线。

执行命令过程如下。

命令:_line 指定第一点:_tan 到 (单击【切点】按钮,将鼠标放在切点 A 附近,待出现切点符号时,单击左键,选中 A 点,如图 2-8(b)所示。)

指定下一点或 [放弃(U)]: _tan 到 (单击【切点】按钮,将鼠标放在切点 B 附近,待出现切点符号时,单击左键,选中 B 点,如图 2-8(c)所示。)

指定下一点或 [放弃(U)]:(按 Enter 键,切线绘制完毕)

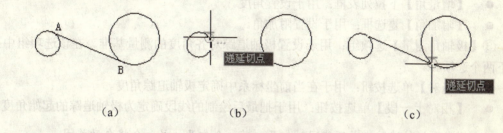

图 2-8 圆的内公切线

3. 对象追踪绘图

在 AutoCAD 中,对象追踪是一个非常有用的辅助绘图工具,使用它可按指定角度绘制对象,或者绘制与其他对象有特定关系的对象。对象追踪功能分为极轴追踪和对象捕捉追踪两种。

(1) 极轴追踪。它可以在系统要求指定一个点时,按预先设置的角度增量显示一条无限延伸的辅助线(虚线),这时就可以沿辅助线追踪得到特定点。

对极轴追踪进行设置可在【草图设置】对话框的【极轴追踪】选项卡中完成,如图 2-9 所示。

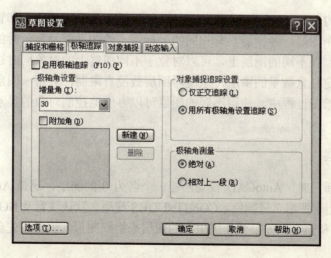

图 2-9 设置极轴追踪

【极轴追踪】选项卡中的各选项功能如下。

①【启用极轴追踪】复选框：用于打开或关闭极轴追踪。

②【极轴角设置】选项组：用于设置极轴角度。在该选项组中有以下两个选项。

- 【增量角】下拉列表框：用于设置角度。
- 【附加角】复选框：用于设置附加角。

③【极轴角测量】选项组：用于设置极轴追踪对齐角度的测量基准。在该选项组中有以下两个选项。

- 【绝对】单选按钮：用于在当前坐标系中确定极轴追踪角度。
- 【相对上一段】单选按钮：用于把最后绘制的线段确定为极轴追踪的起始角度。

注：正交模式和极轴追踪模式不能同时打开，若一个打开，另一个将自动关闭。

（2）对象捕捉追踪。如果事先不知道具体的追踪方向（角度），但知道与其他对象的某种关系，则使用对象捕捉追踪。对其进行设置，可在图 2-9 中的【对象捕捉追踪设置】选项组中完成。

①【仅正交追踪】单选按钮：用于显示正交的对象捕捉追踪路径。

②【用所有极轴角设置追踪】单选按钮：用于将极轴追踪设置应用到对象捕捉追踪。

2.3 图 层

在一个复杂的图形中，有许多不同类型的图形对象，为了方便区分和管理，在 AutoCAD 中，可以创建多个图层，各图层具有相同的坐标系、绘图界限及显示时的缩放倍数。将不同类型的对象绘制在不同的图层上，可以对位于不同图层上的对象同时进行编辑操作。在一幅图形中可指定任意数量的图层，系统对图层数没有限制，对每一图层上的对象数也没有任何限制。在绘图过程中，使用不同的图层可以方便地控制对象的显示和编辑，提高绘图效率。

2.3.1 创建图层

当开始绘制新图时，AutoCAD 自动创建一个名为 0 的图层，这是 AutoCAD 的默认图层，图层 0 将被指定使用 7 号颜色、CONTINUOUS 线型、默认线宽及 NORMAL 打印样式，且 0 层不能更改和删除。如果要使用更多的图层来组织图形，就需要先创建新图层。其操作步骤如下。

（1）选择【格式】|【图层】命令，打开【图层特性管理器】对话框，如图 2-10 所示。

第 2 章　AutoCAD 绘图基础知识

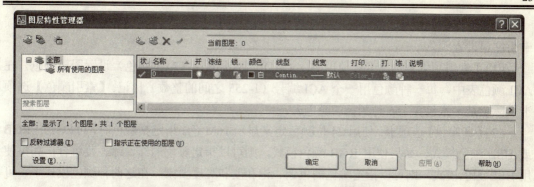

图 2-10 【图层特性管理器】对话框

（2）单击 按钮，在图层列表中将出现一个名称为【图层 1】的新图层。在默认情况下，新建图层与当前图层的状态、颜色、线型及线宽等设置相同。

2.3.2 设置图层的颜色、线型和线宽

1. 设置图层的颜色

颜色在图形中具有非常重要的作用，可用来表示不同的组件、功能和区域。图层的颜色实际上是图层中图形对象的颜色。每个图层都拥有自己的颜色，对不同的图层可以设置相同的颜色，也可以设置不同的颜色，绘制复杂图形时根据颜色就可以很容易区分图形的各部分。

新建图层后，要改变图层的颜色，可在【图层特性管理器】对话框中单击图层的【颜色】列对应的图标，打开【选择颜色】对话框，如图 2-11 所示。

图 2-11 【选择颜色】对话框

在【选择颜色】对话框中,可以使用【索引颜色】、【真彩色】和【配色系统】3个选项卡为图层设置颜色。

(1)【索引颜色】选项卡:使用 AutoCAD 的标准颜色(ACI 颜色)设置图层颜色。在 ACI 颜色表中,每一种颜色用一个 ACI 编号(1-255 之间的整数)标记。【索引颜色】选项卡实际上是一张包含 256 种颜色的颜色表。

(2)【真彩色】选项卡:使用 24 位颜色定义显示 16M 色。指定真彩色时,可以使用 RGB 或 HSL 颜色模式。如果使用 RGB 颜色模式,则可以指定颜色的红、绿、蓝组合;如果使用 HSL 颜色模式,则可以指定颜色的色调、饱和度和亮度要素。在这两种颜色模式下,可以得到同一种所需的颜色,但是组合颜色的方式不同。

(3)【配色系统】选项卡:使用标准的 Pantone 配色系统设置图层的颜色。

2. 设置图层的线型

线型是指图形基本元素中线条的组成和显示方式,如粗实线、细实线、虚线等。在 AutoCAD 中既有简单线型,也有由一些特殊符号组成的复杂线型,以满足不同国家或行业标准的使用要求。

在绘制图形时要使用线型来区分图形元素,这需要对线型进行设置。在默认情况下,图层的线型为 Continuous。要改变线型时,可在【图层特性管理器】对话框中单击【线型】列的 Continuous,打开【选择线型】对话框,如图 2-12 所示。

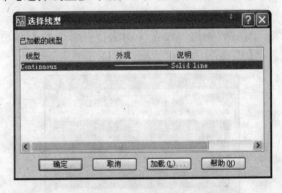

图 2-12 【选择线型】对话框

在默认情况下,【选择线型】对话框的【已加载的线型】列表框中只有 Continuous 一种线型,如果要使用其他线型,必须将其添加到【已加载的线型】列表框中。其操作步骤如下。

(1)单击【加载】按钮,打开【加载或重载线型】对话框,如图 2-13 所示。

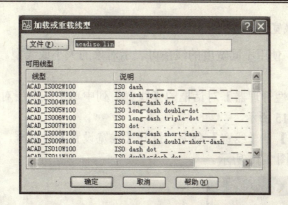

图 2-13 【加载或重载线型】对话框

(2) 从【可用线型】列表中选择需要加载的线型,然后单击【确定】按钮。

如果需要设置图形中的线型比例,从而改变非连续线型的外观,可选择【格式】|【线型】命令,打开【线型管理器】对话框,如图 2-14 所示。

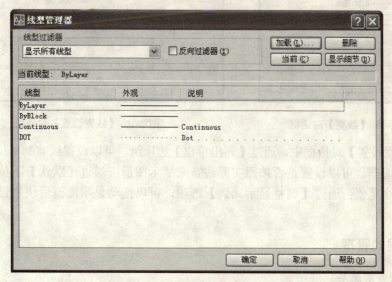

图 2-14 【线型管理器】对话框

【线型管理器】对话框显示了当前使用的线型和可选择的其他线型。当选择了某一线型后,并单击【显示细节】按钮,就可在【详细信息】选项组中设置线型的【全局比例因子】和【当前对象缩放比例】。其中【全局比例因子】用于设置图形中所有线型的比例;【当前对象缩放比例】用于设置当前选中线型的比例。

3. 设置图层的线宽

在 AutoCAD 中，使用不同宽度的线条可表示对象的大小或线型。图形线宽的设置有以下两种方法。

（1）在【图层特性管理器】对话框的【线宽】列中单击该图层对应的线宽，打开【线宽】对话框，如图 2-15 所示。

（2）选择【格式】|【线宽】命令，打开【线宽设置】对话框，通过【线宽】列表框来选择所需线宽，如图 2-16 所示。

图 2-15 【线宽】对话框

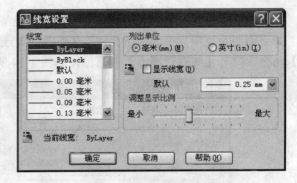
图 2-16 【线宽设置】对话框

在【线宽设置】对话框中，通过【列出单位】选项组，可以设置线宽的单位；通过【显示线宽】复选框，可以设置是否按照实际线宽来显示图形；通过【默认】下拉列表框，可以设置默认线宽值；通过【调整显示比例】选项，可以拖动显示比例滑块来设置线宽的显示比例大小。

2.3.3 图层的管理

1. 设置当前图层

AutoCAD 允许建立多个图层，当要在某一个图层上绘图时需将其设置为当前图层。其方法有以下 3 种。

（1）在【图层特性管理器】对话框的图层列表中，选择需要绘制图形的图层后，单击按钮即可将该层设置为当前图层。

（2）打开【图层】工具栏，在【应用的过滤器】下拉列表中单击要置为当前的图层，即可将该层设置为当前图层。

（3）如果想在某一个已经绘制出图形的图层内再次绘图，可选中此图层中的某一个已经绘制出来的图形对象，然后单击图层工具栏上的 ▇ 按钮，即可把该图形对象所在的图层置为当前。

2. 删除指定的图层

在 AutoCAD 中，为了减小图形所占空间，可以删除不使用的图层。其操作步骤为：在【图层特性管理器】对话框的图层列表中，选择要删除的图层后单击 ✖ 按钮，然后单击【应用】按钮即可将该图层删除。

3. 重新设置图层的名称

设置图层的名称将有助于用户对图层的管理，系统提供的图层名称默认为【图层 1】、【图层 2】、【图层 3】等，用户可以对这些图层进行重新命名。其操作步骤为：在【图层特性管理器】对话框的图层列表中，选择需要重新命名的图层，然后单击图层的名称，使之变为文本编辑状态，此时输入新的图层名后按 Enter 键，即可为图层重新设置名称。

4. 控制图层显示状态

如果工程图中有很多图层包含大量信息，用户可通过控制图层状态使编辑、绘制、观察等工作变得方便一些。控制图层状态的操作主要包括：打开与关闭、冻结与解冻、锁定与解锁等。

（1）打开与关闭。在【图层特性管理器】对话框的【开】列表中，单击此列对应的 ♀ 或 ♀ 图标，可以打开或关闭图层。在打开状态下，灯泡的颜色为黄色，图层上的图形可以显示也可以在输出设备上打印；在关闭状态下，灯泡的颜色为灰色，图层上的图形不能显示也不能被打印输出。

（2）冻结与解冻。在【图层特性管理器】对话框的【冻结】列表中，单击此列对应的 ☀ 或 ❄ 图标，可以解冻或冻结图层。图层被冻结时，图形对象不能被显示、编辑修改和打印输出；图层被解冻时，图形对象能够被显示、编辑修改和打印输出。

（3）锁定与解锁。在【图层特性管理器】对话框的【锁定】列表中，单击此列对应的 ▇ 或 ▇ 图标，可以锁定或解锁图层。图层在锁定状态下不影响图形对象的显示，可以绘制新图形对象，但不能对该图层上已有的图形对象进行编辑。此外，在锁定的图层上可以使用查询命令和对象捕捉功能。

5. 修改对象所在的图层

在实际绘图中，如果绘制完某一图形元素后，发现该元素并没有绘制在预先设置的图层，可以修改对象所在的图层。其方法有以下两种。

（1）在绘图窗口中选择相应的对象，然后在【图层】工具栏的下拉列表中选择要放置的图层名称，再按 Esc 键即可将选中的图形对象放置到新的图层。

（2）在绘图窗口中双击相应的对象，此时弹出【特性】对话框，如图 2-17 所示。在该对话框的【基本】选项组中的【图层】下拉列表框中选择要放置的图层名称，即可将选中的图形对象放置到新的图层，如图 2-18 所示。

图 2-17 【特性】对话框

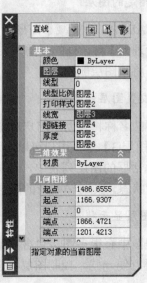

图 2-18 使用【特性】对话框更改图层

2.4 控制图形显示

在 AutoCAD 中，可以使用多种方法来显示绘图窗口中绘制的图形，以便灵活观察图形的整体效果或局部细节。

1. 图形的缩放

在 AutoCAD 中，如果要放大或缩小图形的屏幕显示尺寸，而图形的真实尺寸保持不变，可以选择【视图】|【缩放】命令中的相应选项或使用【缩放】工具栏中的相应按钮，即可方便的缩放视图。【缩放】工具栏及其按钮的名称，如图 2-19 所示。

图 2-19 【缩放】工具栏及按钮名称

【缩放】工具栏中的各按钮功能如下：

（1）窗口缩放：用于放大指定矩形窗口中的图形。

(2) 动态缩放：用于缩放显示在视图框中的部分图形。视图框表示视口，可以改变它的大小，或在图形中移动。

(3) 比例缩放：用于以指定的比例因子缩放显示图形。

(4) 中心缩放：用于缩放显示由中心点和放大比例（或高度）所定义的窗口。

(5) 缩放对象：用于缩放一个或多个选定的对象以便尽可能大地显示并使其位于绘图区域的中心。

(6) 放大：用于将当前视图按指定放大倍数进行显示，默认放大值为 2 倍。

(7) 缩小：用于将当前视图按指定缩小倍数进行显示，默认放大值为 0.5 倍。

(8) 全部缩放：用于在当前视口中缩放显示整个图形。

(9) 范围缩放：用于在绘图窗口中显示图形范围并使所有对象最大显示。

2. 图形的平移

在 AutoCAD 中，如果要移动整个图形，使图形的特定部分显示于屏幕中央，可以选择【视图】|【平移】|【实时】菜单命令或单击【标准】工具栏上的 按钮，然后单击绘图区域并拖动鼠标，就可以移动整个图形。

3. 图形的重生成

在 AutoCAD 中，如果要将图形的显示恢复到平滑的曲线，可以选择【视图】|【重生成】命令，即可在当前视口中重生成整个图形并重新计算所选对象的屏幕坐标。

4. 图形的显示精度设置

在 AutoCAD 中，如要控制圆、圆弧、椭圆和样条曲线的外观，可通过对系统显示精度进行设置来完成，常用以下两种方法。

(1) 选择【工具】|【选项】命令，打开【选项】对话框，如图 2-20 所示。在该对话框中单击【显示】选项卡，在其下的【圆弧和圆的平滑度】文本框中输入数值来控制系统的显示精度。系统默认数值为 1000，数值越大，系统显示的精度就越高，但是相对的显示速度就越慢。

(2) 输入 viewres 命令，然后在命令行提示下输入缩放百分比，即可完成系统显示精度的设置。系统默认的缩放百分比为 1000，增大缩放百分比并重生成图形，可以更新圆的外观并使其平滑；减小缩放百分比会有相反的效果。

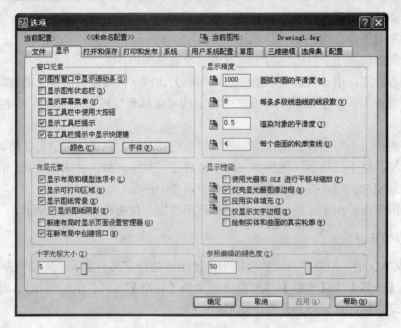

图 2-20　使用【选项】对话框设置显示精度

第3章 图形绘制

任何复杂的图形都可以分解成简单的点、线、面等基本图形。本章将通过具体实例介绍使用 AutoCAD 绘图工具绘制各种基本图形对象的方法。只要熟练掌握这些基本图形的绘制方法，就可以灵活、高效的绘制各种复杂的图形。

3.1 绘制点

在 AutoCAD 中，默认情况下绘制出的点在绘图区显示为一个实心小圆点，在画面上难以分辨，因此需要先对点的样式进行设置。使用【点样式】命令，常用以下两种方法。

（1）从菜单栏中选择【格式】|【点样式】命令。
（2）在命令行窗口中输入 ddptype 并按 Enter 键。

使用【点样式】命令后，系统弹出【点样式】对话框，如图 3-1 所示。在对话框的上部为供选择的各种点的样式，可从中选择任意一个点的样式；在【点大小】文本框里可以输入具体值表示点的大小，系统默认的值为 5%；单击【相对于屏幕设置大小】或【按绝对单位设置大小】单选按钮，可以设置点的相对大小；最后单击【确定】按钮完成点样式的设置。

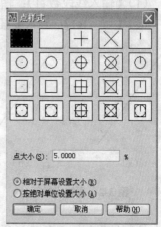

图 3-1 【点样式】对话框

AutoCAD 提供了多种点的绘制方法，用户在设置完点样式后，可以根据不同的需要，选择使用【单点】、【定数等分】或【定距等分】命令在图形中绘制点。

1. 绘制单点

绘制单独的点时，需使用【单点】命令，常用以下 3 种方法。
（1）从菜单栏中选择【绘图】|【点】|【单点】命令。
（2）单击绘图工具栏中的 按钮。
（3）在命令行窗口中输入 point 或 po 并按 Enter 键。

使用【单点】命令后，命令行提示如下。

当前点模式：PDMODE=0 PDSIZE=0.0000
指定点：（用鼠标在屏幕上选取点或输入坐标值确定一个点）

2. 绘制定数等分点

如果要将所选择的对象等分成数段，并且在等分点上出现点的标记，需要使用【定数等分】命令，常用以下两种方法。

（1）从菜单栏中选择【绘图】|【点】|【定数等分】命令。

（2）在命令行窗口中输入 divide 或 div 并按 Enter 键。

使用【定数等分】命令后，响应命令行提示选择要定数等分的对象，之后命令行继续提示如下：

输入线段数目或 [块（B）]：

该命令行提示的各选项功能如下。

（1）【输入线段数目】：输入 2~32,767 的任意值。

（2）【块（B）】：输入要插入的块名，然后选择是否对齐块和对象。选择"是"表示指定插入块的 X 轴方向与定数等分对象在等分点相切或对齐；选择"否"表示按其法线方向对齐块。

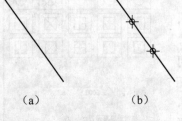

（a）　　　　（b）

图 3-2 直线定数等分

【例 3-1】 将图 3-2（a）所示的直线三等分。

执行命令过程如下。

命令：_ddptype
将点样式改为 ⊕
命令：_divide
选择要定数等分的对象：（选取该直线）
输入线段数目或 [块（B）]：3

绘制结果如图 3-2（b）所示。

3. 绘制定距等分点

在所选择的对象上，按指定的距离用点进行标记，需使用【定距等分】命令，常用以下两种方法。

（1）从菜单栏中选择【绘图】|【点】|【定距等分】命令。

（2）在命令行窗口中输入 measure 或 me 并按 Enter 键。

使用【定距等分】命令后，响应命令行提示选择要定距等分的对象，之后命令行继续提示如下：

指定线段长度或 [块（B）]：

该命令行提示的各选项功能如下。

(1)【指定线段长度】：输入长度值，即按该长度在所选对象上绘制等分点。

(2) 块（B）：在测量点处插入块。

【例3-2】 将图3-3（a）所示的直线按 20 mm 的距离定距等分。

执行命令过程如下。

命令：_ddptype
将点样式改为 ⊕
命令：_measure
选择要定距等分的对象：（选取该直线）
指定线段长度或 [块（B）]：20

绘制结果如图3-3（b）所示。

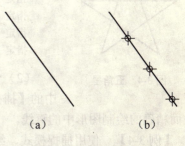

图 3-3 直线定距等分

3.2 绘制直线

绘制直线时，需使用【直线】命令，常用以下3种方法。

(1) 从菜单栏中选择【绘图】|【直线】命令。

(2) 单击绘图工具栏中的 ╱ 按钮。

(3) 在命令行窗口中输入 line 或 l 并按 Enter 键。

使用【直线】命令后，命令行提示如下。

指定第一点：（用鼠标在屏幕上拾取直线的起点或在命令行中输入点的坐标）

指定下一点或 [放弃（U）]：（用鼠标在屏幕上拾取直线的另外一个点或输入 U 取消上一直线）

指定下一点或 [放弃（U）]：（如果想画多条直线，可继续在屏幕上指定点；如果只想画一条直线，可选择按回车键结束直线命令；如果要取消刚绘制的上一直线可输入 U 并按 Enter 键即可）

指定下一点或 [闭合（C）/放弃（U）]：（输入 C，系统将第一条直线段的起点和最后一条直线段的终点连接起来，组成一封闭区域，但必须在绘制了两条或两条以上的直线段后才可以选择此选项；或者输入 U，系统会自动撤销最近绘制的一条直线段）

在图形绘制中，一般均需精确的控制图形中线段的位置或方向，常用以下几种方法。

(1) 根据坐标绘制直线：在绘制直线过程中，可以用指定直线端点的坐标来绘制出指定位置的直线。

【例3-3】 绘制如图3-4所示的五角星，直线的长度为 200 mm。

执行命令过程如下。

```
命令：_line
指定第一点：（在屏幕上单击一点）
指定下一点或 [放弃（U）]：@200,0
指定下一点或 [放弃（U）]：@200<-144
指定下一点或 [闭合（C）/放弃（U）]：@200<72
指定下一点或 [闭合（C）/放弃（U）]：@200<-72
指定下一点或 [闭合（C）/放弃（U）]：c
```

图 3-4 五角星

（2）使用捕捉模式绘制直线：在绘制直线过程中，单击状态栏中的【捕捉】按钮，就可以捕捉已经绘制出的各种线段的特征点，从而精确的绘制图形中的直线。

【例 3-4】 使用捕捉模式，绘制如图 3-5 所示的七巧板。

操作步骤如下。

① 首先绘制一个正方形，然后依次用【直线】命令捕捉端点 A 和 B，得直线 AB，如图 3-6（a）所示。

② 捕捉端点 C 和直线 AB 的中点 D，得直线 CD，如图 3-6（b）所示。

③ 捕捉正方形上边的中点 E、右边的中点 F 得直线 EF，如图 3-6（c）所示。

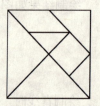

图 3-5 七巧板

④ 捕捉端点 F 到直线 BD 的垂足 G，得直线 GF，如图 3-6（d）所示。

⑤ 捕捉直线 AB 的中点 D 到直线 EF 的垂足 H，得直线 DH，如图 3-6（e）所示。

⑥ 捕捉 EF 的垂足 H 到直线 AC 的垂足 I，得直线 HI，HI 与 AB 交于 J，如图 3-6（f）所示。

⑦ 使用【剪切】命令将 IJ 段剪切掉，即得如图 3-5 所示的七巧板。

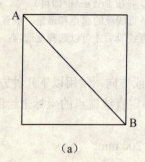
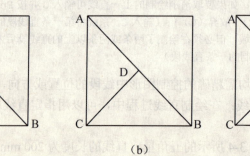
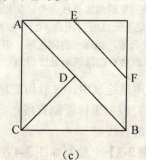

(a)   (b)   (c)

图 3-6 七巧板绘图过程

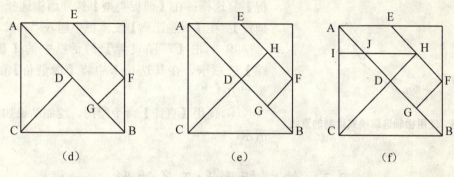

图 3-6 七巧板绘图过程（续）

（3）使用正交模式绘制直线：在绘制直线过程中，单击【正交】按钮，光标将被限制只能在水平或垂直方向上取直线上的点。

【例 3-5】 使用正交模式，绘制如图 3-7 所示的图形。

执行命令执行如下。

命令：_line
指定第一点：（在屏幕上单击 A 点）
指定下一点或 [放弃（U）]：（在屏幕上单击 B 点）
指定下一点或 [放弃（U）]：<正交 开>（在屏幕上单击 C 点）
指定下一点或 [闭合（C）/放弃（U）]：<正交 关>（在屏幕上单击 D 点）
指定下一点或 [闭合（C）/放弃（U）]：<正交 开>（在屏幕上单击 E 点）
指定下一点或 [闭合（C）/放弃（U）]：<正交 关>（在屏幕上单击 F 点）
指定下一点或 [闭合（C）/放弃（U）]：<正交 开>（在屏幕上单击 G 点）
指定下一点或 [闭合（C）/放弃（U）]：（按 ENTER 键结束命令）

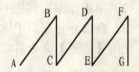

图 3-7 连续直线

（4）使用极轴追踪模式绘制直线：使用极轴追踪模式可以绘制出沿一定角度方向倾斜的直线。使用此方法绘制直线需先对状态栏中的捕捉功能进行设置（具体设置方法参见例 3-6）；然后使用【直线】命令即可绘制出沿一定角度方向倾斜的直线。

【例 3-6】 使用极轴追踪模式，绘制与水平方向成 20°、40°、60°，长度为 30 mm 的线段。

操作步骤如下。

① 在状态栏的【捕捉】按钮上，单击鼠标右键，在弹出的快捷菜单中单击【设置】选项，打开【草图设置】对话框。

② 在该对话框中单击【捕捉和栅格】选项卡，在其选项卡中进行设置：勾选【启用捕

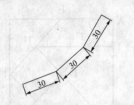

图 3-8 使用极轴追踪模式绘制的直线

捉】复选框;在【捕捉类型】选项组中选择【极轴捕捉】;在【极轴距离】文本框中输入"30"。

③ 单击【草图设置】对话框中的【极轴追踪】选项卡,在其选项卡中将【增量角】的值设为"20°"。

④ 使用【直线】命令绘图,绘制结果如图 3-8 所示。

3.3 绘制矩形和正多边形

3.3.1 绘制矩形

绘制矩形时,需使用【矩形】命令,常用以下 3 种方法。
(1)从菜单栏中选择【绘图】|【矩形】命令。
(2)单击绘图工具栏中的 ▭ 按钮。
(3)在命令行窗口中输入 rectang 并按 Enter 键。

使用【矩形】命令后,命令行提示如下:

指定第一个角点或 [倒角(C)/标高(E)/圆角(F)/厚度(T)/宽度(W)]:

该命令行提示的各选项功能如下。

(1)【指定第一个角点】:通过指定矩形的两个对角点的方式绘制矩形。此时直接响应命令的提示,输入一个点作为第一个角点,则命令行继续提示如下:

指定另一个角点或 [面积(A)/尺寸(D)/旋转(R)]:(指定另一个点,或输入选项)

① 【指定另一个角点】:通过指定矩形的两个对角点来绘制矩形。
② 【面积(A)】:通过指定矩形的面积来绘制矩形。
③ 【尺寸(D)】:通过指定矩形的长度和宽度来绘制矩形。
④ 【旋转(R)】:用于指定矩形的旋转角度。

(2)【倒角(C)】:通过指定第一倒角距离和第二倒角距离来绘制带倒角的矩形。
(3)【标高(E)】:用于指定矩形的标高。该选项一般用于三维绘图。
(4)【圆角(F)】:通过指定矩形的圆角半径来绘制带圆角的矩形。
(5)【厚度(T)】:通过指定矩形的厚度来绘制立体矩形。该选项一般用于三维绘图。
(6)【宽度(W)】:通过指定的线宽来绘制矩形。

【例 3-7】 绘制如图 3-9 所示的长 200 mm,宽 150 mm,倒角距离为 20 mm 的矩形。
执行命令过程如下。

命令：_rectang
指定第一个角点或 [倒角（C）/标高（E）/圆角（F）/厚度（T）/宽度（W）]: c
指定矩形的第一个倒角距离 <0.0000>: 20
指定矩形的第二个倒角距离 <20.0000>:（按 ENTER 键）
指定第一个角点或 [倒角（C）/标高（E）/圆角（F）/厚度（T）/宽度（W）]:（在屏幕上单击一点）
指定另一个角点或 [面积（A）/尺寸（D）/旋转（R）]: d
指定矩形的长度 <0.0000>: 200
指定矩形的宽度 <0.0000>: 150
指定另一个角点或 [面积（A）/尺寸（D）/旋转（R）]:（指定另一个角点）

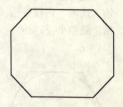

图 3-9　带倒角的矩形

3.3.2　绘制正多边形

绘制正多边形时，需使用【正多边形】命令，常用以下 3 种方法。

（1）从菜单栏中选择【绘图】|【正多边形】命令。

（2）单击绘图工具栏中的 按钮。

（3）在命令行窗口中输入 polygon 并按 Enter 键。

使用【正多边形】命令后，响应命令行提示输入正多边形边的数目（3~1024 的任意值）并按 Enter 键，之后命令行继续提示如下。

指定正多边形的中心点或 [边（E）]:

该命令行提示的各选项功能如下。

（1）【指定正多边形的中心点】：用于在绘图区域指定一点作为正多边形的中心点。此时，命令行提示如下。

输入选项 [内接于圆(I)/外切于圆(C)] <I>:

① 【内接于圆（I）】：用于指定外接圆的半径，则正多边形的所有顶点都在此圆周上。

② 【外切于圆（C）】：用于指定内切圆的半径，则正多边形各边的中点都在此圆周上。

（2）【边（E）】：通过指定边长来绘制正多边形。

【例 3-8】　绘制如图 3-10 所示内接于圆的正六边形（内接于圆的半径为 50 mm）。

执行命令过程如下。

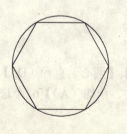

图 3-10　内接于圆的正六边形

```
命令：_polygon
输入边的数目 <4>: 6
指定正多边形的中心点或 [边(E)]：(在屏幕上单击一点)
输入选项 [内接于圆(I)/外切于圆(C)] <I>：(按 ENTER 键)
指定圆的半径：50
```

【例 3-9】 绘制如图 3-11 所示外切于圆的正六边形（内接于圆的半径为 50 mm）。

执行命令过程如下。

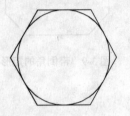

图 3-11 外切于圆的正六边形

```
命令：_polygon
输入边的数目 <4>: 6
指定正多边形的中心点或 [边(E)]：(在屏幕上单击一点)
输入选项 [内接于圆(I)/外切于圆(C)] <I>：c
指定圆的半径：50
```

【例 3-10】 绘制如图 3-12 所示指定边长的正六边形。

命令执行过程如下。

```
命令：_polygon
输入边的数目 <4>: 6
指定正多边形的中心点或 [边(E)]：e
指定边的第一个端点：(在绘图区域上指定第 1 个点)
指定边的第二个端点：(在绘图区域上指定第 2 个点)
```

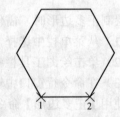

图 3-12 指定边长的正六边形

3.4 绘制圆与圆弧

3.4.1 绘制圆

绘制圆时，需使用【圆】命令，常用以下 3 种方法。

(1) 从菜单栏中选择【绘图】|【圆】命令。

(2) 单击绘图工具栏中的 ⊙ 按钮。

(3) 在命令行窗口中输入 circle 或 c 并按 Enter 键。

在【绘图】|【圆】命令的子菜单里，有【圆心、半径(R)】、【圆心、直径(D)】、【两点(2)】、【三点(3)】、【相切、相切、半径(T)】、【相切、相切、相切(A)】6 个选项供用户选择，各选项功能如下。

(1)【圆心、半径(R)】：通过指定圆心和半径绘制圆。

(2)【圆心、直径(D)】：通过指定圆心和直径绘制圆。

（3）【两点（2P）】：通过指定圆直径上的两个点绘制圆。

（4）【三点（3P）】：通过指定圆周上的 3 个点来绘制圆。

（5）【相切、相切、半径（T）】：通过指定与要绘制的圆相切的两个对象和半径来绘制圆。此时可能会有多个符合条件的圆，AutoCAD 将自动绘制以指定的半径、其切点与选定点的距离最近的那个圆。

（6）【相切、相切、相切（A）】：通过指定与要绘制的圆相切的 3 个对象来绘制圆。

图 3-13 所示为 AutoCAD 提供的绘制圆的不同方法。

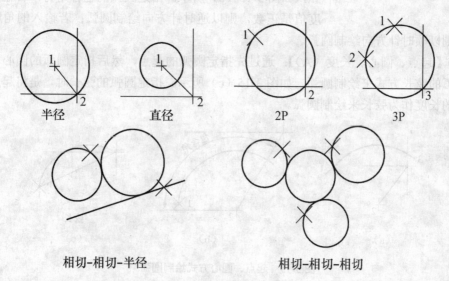

图 3-13 圆的各种绘制方法

3.4.2 绘制圆弧

绘制圆弧时，需使用【圆弧】命令，常用以下 3 种方法。

（1）从菜单栏中选择【绘图】|【圆弧】命令。

（2）单击绘图工具栏中的 ⌒ 按钮。

（3）在命令行窗口中输入 arc 或 a 并按 Enter 键。

在【绘图】|【圆弧】命令的子菜单里，有【三点（P）】、【起点、圆心、端点（S）】、【起点、圆心、角度（T）】、【起点、圆心、长度（A）】、【起点、端点、角度（N）】、【起点、端点、方向（D）】、【起点、端点、半径（R）】、【圆心、起点、端点（C）】、【圆心、起点、角度（E）】、【圆心、起点、长度（L）】、【继续（O）】11 个选项供用户选择，各选项功能如下。

（1）【三点（P）】：通过指定圆弧的起点、通过点和终点来绘制圆弧。用该方法可以沿顺时针或逆时针方向绘制圆弧，如图 3-14 所示。

（2）【起点、圆心、端点（S）】：通过先指定圆弧的起点，然后指定圆弧的圆心，最后指定圆弧的终点方式来绘制圆弧，如图 3-15（a）所示。

（3）【起点、圆心、角度（T）】：通过先指定圆弧的起点，然后指定圆弧的圆心，最后指定圆弧的包含角方式来绘制圆弧，如图 3-15（b）所示。指定圆弧的包含角时，若输入的角度值是正数，则以逆时针方向绘制圆弧；若输入的角度值是负数，则以顺时针方向绘制圆弧。

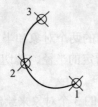

图 3-14 【三点】绘制圆弧

（4）【起点、圆心、长度（A）】：通过先指定圆弧的起点，然后指定圆弧的圆心，最后指定圆弧的弦长方式来绘制圆弧，如图 3-15（c）所示。指定圆弧的弦长时，是将起点和终点之间的长度作为弦长来绘制圆弧。

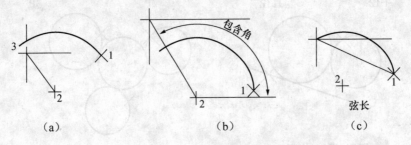

图 3-15 起点、圆心方式绘制圆弧

（5）【起点、端点、角度（N）】：通过先指定圆弧的起点，然后指定圆弧的端点，最后指定圆弧的包含角方式来绘制圆弧。

（6）【起点、端点、方向（D）】：通过先指定圆弧的起点，然后指定圆弧的端点，最后指定圆弧的起点切向方式来绘制圆弧。

（7）【起点、端点、半径（R）】：通过先指定圆弧的起点，然后指定圆弧的端点，最后指定圆弧的半径方式来绘制圆弧。

（8）【圆心、起点、端点（C）】：通过先指定圆弧的圆心，然后指定圆弧的起点，最后指定圆弧的终点方式来绘制圆弧。

（9）【圆心、起点、角度（E）】：通过先指定圆弧的圆心，然后指定圆弧的起点，最后指定圆弧的包含角方式来绘制圆弧。

（10）【圆心、起点、长度（L）】：通过先指定圆弧的圆心，然后指定圆弧的起点，最后指定圆弧的弦长方式来绘制圆弧。

（11）【继续（O）】：通过连续方式绘制圆弧。使用此方式将绘制一条与上一条直线、上一个圆弧或上一条多段线相切的圆弧。

【例 3-11】 绘制如图 3-16 所示的梅花图案，每一瓣图案的半径为 20 mm、包含角为 180°。

执行命令过程如下。

命令：_arc
指定圆弧的起点或 [圆心（C）]：（在屏幕上单击一点，即 P1 点）
指定圆弧的第二个点或 [圆心（C）/端点（E）]：e
指定圆弧的端点：@40<180
指定圆弧的圆心或 [角度（A）/方向（D）/半径（R）]：r
指定圆弧的半径：20
命令_ arc
指定圆弧的起点或 [圆心（C）]：end（此命令表示捕捉端点）于（点取 P2 点）
指定圆弧的第二个点或 [圆心（C）/端点（E）]：e
指定圆弧的端点：@40<252
指定圆弧的圆心或 [角度（A）/方向（D）/半径（R）]：a
指定包含角：180
命令：_arc
指定圆弧的起点或 [圆心（C）]：end 于（点取 P3 点）
指定圆弧的第二个点或 [圆心（C）/端点（E）]：c
指定圆弧的圆心：@20<324
指定圆弧的端点或 [角度（A）/弦长（L）]：a
指定包含角：180
命令：_arc
指定圆弧的起点或 [圆心（C）]：end 于（点取 P4 点）
指定圆弧的第二个点或 [圆心（C）/端点（E）]：c
指定圆弧的圆心：@20<36
指定圆弧的端点或 [角度（A）/弦长（L）]：@20<36
命令：_arc
指定圆弧的起点或 [圆心（C）]：end 于（点取 P5 点）
指定圆弧的第二个点或 [圆心（C）/端点（E）]：e
指定圆弧的端点：end 于（点取 P1 点）
指定圆弧的圆心或 [角度（A）/方向（D）/半径（R）]：a
指定包含角：180

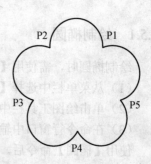

图 3-16 梅花图案

3.5 绘制椭圆与椭圆弧

3.5.1 绘制椭圆

绘制椭圆时，需使用【椭圆】命令，常用以下 3 种方法。
(1) 从菜单栏中选择【绘图】|【椭圆】命令。
(2) 单击绘图工具栏中的 ◯ 按钮。
(3) 在命令行窗口中输入 ellipse 并按 Enter 键。

使用【椭圆】命令后，命令行提示如下。

指定椭圆的轴端点或 [圆弧(A)/中心点(C)]：

该命令行提示的各选项功能如下。

(1)【指定椭圆的轴端点】：通过指定椭圆的 3 个端点方式来绘制椭圆。其中第一和第二端点用于确定椭圆的一条轴线。输入两个端点后，命令行提示如下。

指定另一条半轴长度或 [旋转(R)]：

① 【指定另一条半轴长度】：输入第三个端点用于确定椭圆的另一条轴，如图 3-17（a）所示。

② 【旋转（R）】：绕椭圆中心移动十字光标并单击或输入一个小于 90 度的正角度值即可绘制出椭圆，如图 3-17（b）所示。输入值越大，椭圆的离心率就越大。输入"0"就可绘制一个圆。

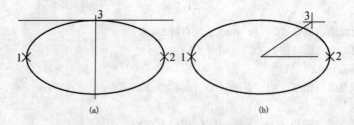

图 3-17 轴端点方式绘制椭圆

(2)【圆弧（A）】：用于绘制椭圆弧。

(3)【中心点（C）】：用指定椭圆的中心点方式绘制椭圆，首先指定椭圆中心点，然后指定第二点来确定椭圆的一条轴；椭圆的另一条轴可以通过指定其长度或旋转角度来确定，如图 3-18 所示。

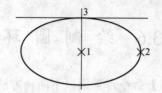

图 3-18 中心点方式绘制椭圆

3.5.2 绘制椭圆弧

使用【椭圆弧】命令,常用以下 3 种方法。

(1)从菜单栏中选择【绘图】|【椭圆】|【圆弧】命令。
(2)单击绘图工具栏中的 按钮。
(3)在命令行窗口中输入 ellipse 并按 Enter 键。

执行命令后,命令行提示先绘制一个椭圆,然后命令行提示如下。

指定起始角度或 [参数(P)]:
指定终止角度或 [参数(P)/包含角度(I)]:

该命令行提示的各选项功能如下。

(1)【指定起始角度】:用于定义椭圆弧的第一个端点。
(2)【指定终止角度】:用于定义椭圆弧的第二个端点。
(3)【参数(P)】:用矢量参数方程式来指定椭圆弧的端点角度。
(4)【包含角度(I)】:用于指定所创建的椭圆弧从起始角度开始的包含角度值。

绘制椭圆弧的步骤如图 3-19 所示。

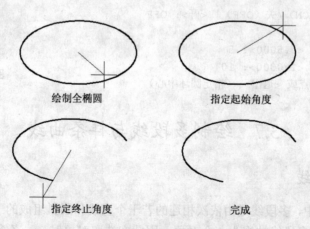

图 3-19 椭圆弧的画法

3.6 绘制圆环

绘制圆环时,需使用【圆环】命令,常用以下两种方法。
(1) 从菜单栏中选择【绘图】|【圆环】命令。
(2) 在命令行窗口中输入 donut 或 do 并按 Enter 键。

使用【圆环】命令后,直接响应系统提示输入圆环的内径和外径即可绘制出圆环。此外还可以用 fill 命令控制圆环是否填充,具体方法如下。

命令: fill
输入模式 [开(ON)/关(OFF)] <开>:(选择 ON 表示填充,选择 OFF 表示不填充)

【例 3-12】 绘制如图 3-20 所示的填充圆环,圆环的内、外径分别为 5 mm 和 10 mm。
执行命令过程如下。

命令: _donut
指定圆环的内径 <0.5000>: 5
指定圆环的外径 <1.0000>: 10
指定圆环的中心点或 <退出>:(指定圆环中心)

图 3-20 填充圆环

【例 3-13】 绘制如图 3-21 所示的不填充圆环,圆环的内、外径分别为 5 mm 和 10 mm。
执行命令过程如下。

命令: fill
输入模式 [开(ON)/关(OFF)] <开>: OFF
命令: _donut
指定圆环的内径 <0.5000>: 5
指定圆环的外径 <1.0000>: 10
指定圆环的中心点或 <退出>:(指定圆环中心)

图 3-21 不填充圆环

3.7 绘制多段线与样条曲线

3.7.1 绘制多段线

在 AutoCAD 中,多段线是由依次相连的若干个直线和圆弧组成的一个组合体。这些直线或圆弧所组成的多段线被视为一个对象,因此在选取对象时,一条多段线被全部选取。

多段线可以具有固定不变的宽度,也可以在长度范围内,使任意线段宽度逐渐变细或变粗。

绘制多段线时,需使用【多段线】命令,常用以下3种方法。

(1) 从菜单栏中选择【绘图】|【多段线】命令。

(2) 单击绘图工具栏中的 按钮。

(3) 在命令行窗口中输入 pline 或 pl 并按 Enter 键。

使用【多段线】命令,并在绘图窗口中指定了多段线的起点后,命令行提示如下。

指定下一点或 [圆弧(A)/闭合(C)/半宽(H)/长度(L)/放弃(U)/宽度(W)]:

该命令提示中的各选项功能如下。

(1)【指定下一点】:通过指定点来绘制多段线。在按 Enter 键结束命令前,系统会不断在命令行提示指定下一点。

(2)【圆弧(A)】:用于从直线多段线切换到圆弧多段线并显示一些提示选项。

(3)【闭合(C)】:用于将开启的多段线闭合。

(4)【半宽(H)】:用于指定从多段线线段的中心到其一边的宽度。

(5)【长度(L)】:用于在上一段相同的角度方向上来绘制指定长度的直线段。如果上一线段是圆弧,将绘制与该弧线段相切的新直线段。

(6)【放弃(U)】:用于删除最近一次添加到多段线上的一段多段线,可顺序回溯。

(7)【宽度(W)】:用于设置多段线线宽,其默认值为 0,且多段线初始宽度和结束宽度可以不同,而且可以分段设置。

【例 3-14】 使用多段线命令,绘制如图 3-22 所示的图形。

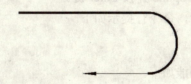

图 3-22 多段线

执行命令过程如下。

命令: _pline
指定起点:(在屏幕上单击一点)
当前线宽为 0.0000
指定下一个点或 [圆弧(A)/半宽(H)/长度(L)/放弃(U)/宽度(W)]: w
指定起点宽度 <0.0000>: 0.7
指定端点宽度 <0.7000>:(按 Enter 键)
指定下一个点或 [圆弧(A)/半宽(H)/长度(L)/放弃(U)/宽度(W)]: @50,0

指定下一点或 [圆弧（A）/闭合（C）/半宽（H）/长度（L）/放弃（U）/宽度（W）]: a
指定圆弧的端点或[角度（A）/圆心（CE）/闭合（CL）/方向（D）/半宽（H）/直线（L）/半径（R）/第二个点（S）/放弃（U）/宽度（W）]: @0,-10
指定圆弧的端点或[角度（A）/圆心（CE）/闭合（CL）/方向（D）/半宽（H）/直线（L）/半径（R）/第二个点（S）/放弃（U）/宽度（W）]: l
指定下一点或 [圆弧（A）/闭合（C）/半宽（H）/长度（L）/放弃（U）/宽度（W）]: w
指定起点宽度 <0.7000>: 0
指定端点宽度 <0.0000>: （按 Enter 键）
指定下一点或 [圆弧（A）/闭合（C）/半宽（H）/长度（L）/放弃（U）/宽度（W）]: @-20,0
指定下一点或 [圆弧（A）/闭合（C）/半宽（H）/长度（L）/放弃（U）/宽度（W）]: w
指定起点宽度 <0.0000>: 1
指定端点宽度 <1.0000>: 0
指定下一点或 [圆弧（A）/闭合（C）/半宽（H）/长度（L）/放弃（U）/宽度（W）]: @-5,0
指定下一点或 [圆弧（A）/闭合（C）/半宽（H）/长度（L）/放弃（U）/宽度（W）]: （按 Enter 键，结束命令）

3.7.2 绘制样条曲线

样条曲线是通过或接近一组给定点的光滑曲线。绘制样条曲线时，需使用【样条曲线】命令，常用以下 3 种方法。

（1）从菜单栏中选择【绘图】|【样条曲线】命令。
（2）单击绘图工具栏中的 ～ 按钮。
（3）在命令行窗口中输入 spline 并按 Enter 键。

使用【样条曲线】命令后，命令行提示如下。

指定第一个点或 [对象（O）]:

该命令行提示的各选项功能如下。

（1）【指定第一个点】：在绘图区指定样条曲线的起点，之后命令行提示如下。

指定下一点或 [闭合（C）/拟合公差（F）] <起点切向>:

① 【指定下一点】：通过指定多个点来绘制样条曲线。在按 Enter 键结束指定点前，命令行会一直提示指定下一点。

② 【闭合（C）】：用于封闭样条曲线。

③ 【拟合公差（F）】：用于为当前绘制的样条曲线设置拟合公差值。拟合公差是指实际样条曲线与输入的控制点之间所允许偏移距离的最大值。当给定拟合公差，绘出的样条曲线不会全部通过各个控制点，但总是通过起点与终点。如果公差设置为 0，则样条曲线通过

拟合点；输入大于 0 的公差将使样条曲线在指定的公差范围内通过拟合点。

④【起点切向】：用于确定样条曲线在起始点处的切线方向。

（2）【对象（O）】：用于将样条拟合多段线转换成等价的样条曲线并删除多段线。

【例 3-15】 绘制如图 3-23 所示的样条曲线。

图 3-23 样条曲线

执行命令过程如下。

命令：_spline
指定第一个点或 [对象（O）]：（在屏幕上单击一点）
指定下一点：@10,10
指定下一点或 [闭合（C）/拟合公差（F）] <起点切向>：@10,-10
指定下一点或 [闭合（C）/拟合公差（F）] <起点切向>：@10,10
指定下一点或 [闭合（C）/拟合公差（F）] <起点切向>：@10,-10
指定下一点或 [闭合（C）/拟合公差（F）] <起点切向>：@10,10
指定下一点或 [闭合（C）/拟合公差（F）] <起点切向>：@10,-10
指定下一点或 [闭合（C）/拟合公差（F）] <起点切向>：（按 Enter 键）
指定起点切向：（按 Enter 键）
指定端点切向：（按 Enter 键）

3.8 绘制多线

多线是由 1 至 16 条平行线组成的，这些平行线称为元素。各元素的数目和间距通过【多线样式】命令进行设置。使用【多线样式】命令，常用以下两种方法。

（1）从菜单栏中选择【格式】|【多线样式】命令。

（2）在命令行窗口中输入 mlstyle 并按 Enter 键。

使用【多线样式】命令后，系统将弹出如图 3-24 所示的【多线样式】对话框。

在该对话框的【样式】列表框中列出了现有的多线样式名称，如果现有的样式不能满足需要，用户可通过以下操作步骤来创建新的多线样式。

（1）单击【新建】按钮，打开【创建新的多线样式】对话框，如图 3-25 所示。用户可在该对话框中指定新样式名称。

图 3-24 【多线样式】对话框

图 3-25 【创建新的多线样式】对话框

(2) 单击【继续】按钮，打开【新建多线样式】对话框，如图 3-26 所示。用户可在该对话框中通过【封口】选项组来控制是否将多线的起点和端点进行封口；通过【填充颜色】下拉列表框来控制是否对多线的背景进行填充；通过【显示连接】复选框来控制是否在每条多线线段顶点处显示连接；通过【图元】选项组来设置新的和现有多线元素的特性。

(3) 完成这些设置后单击【确定】按钮返回如图 3-24 所示的【多线样式】对话框。此时在【样式】列表框中列出了新多线样式的名称并处于被选中的状态，单击【置为当前】按钮将其设置为当前多线样式。

(4) 单击【确定】按钮即完成多线样式的设置。

图 3-26 【新建多线样式】对话框

在完成多线样式的设置后,就可使用【多线】命令来绘制多线,常用以下两种方法。
(1) 从菜单栏中选择【绘图】|【多线】命令。
(2) 在命令行窗口中输入 mline 或 ml 并按 Enter 键。

使用【多线】命令后,命令行提示如下。

当前设置:对正=上,比例= 20.00,样式= STANDARD
指定起点或 [对正(J)/比例(S)/样式(ST)]:

在该提示信息中,第一行说明当前的绘图格式;第二行为绘制多线时的选项,各选项功能如下。

(1)【指定起点】:用于指定多线的起点。
(2)【对正(J)】:用于指定多线的对正方式。此时命令行继续提示如下。

输入对正类型 [上(T)/无(Z)/下(B)]/<当前>:

①【上】:用于设置上对正方式。该选项表示当从左向右绘制多线时,多线上最顶端的线将随着光标移动。

②【无】:用于设置无对正方式。该选项表示在绘制多线时,多线的中心线将随着光标移动。

③【下】：用于设置下对正方式。该选项表示当从左向右绘制多线时，多线上最底端的线将随着光标移动。

(3)【比例（S）】：用于指定所绘制多线的宽度相对于多线的定义宽度的比例因子。该比例不影响多线的线型比例。

(4)【样式（ST）】：用于指定绘制的多线样式。选择该选项时，可输入多线样式名，也可以输入"？"，显示已定义的多线样式。

【例 3-16】 用多线命令，绘制如图 3-27 所示的井字图形。

执行命令过程如下。

图 3-27 井字图形

命令：_mline
当前设置：对正=上，比例= 10.00，样式= STANDARD
指定起点或 [对正（J）/比例（S）/样式（ST）]：s
输入多线比例 <10.00>：20
当前设置：对正=上，比例=20.00，样式= STANDARD
指定起点或 [对正（J）/比例（S）/样式（ST）]：100,100
指定下一点：@100,0
指定下一点或 [放弃（U）]：(按 Enter 键)

命令：_mline
当前设置：对正=上，比例= 20.00，样式= STANDARD
指定起点或 [对正（J）/比例（S）/样式（ST）]：160,140
指定下一点：@0,-100
指定下一点或 [放弃（U）]：(按 Enter 键)

3.9 图案填充

在剖面图和断面图中，填充图案可以清楚地表示每一构件的材料类型及装配关系，此时就需使用【图案填充】命令，常用以下 3 种方法。

(1) 从菜单栏中选择【绘图】|【图案填充】命令。

(2) 单击绘图工具栏中的 按钮。

(3) 在命令行窗口中输入 bhatch 或 bh 并按 Enter 键。

使用【图案填充】命令后，系统将弹出【图案填充和渐变色】对话框，如图 3-28 所示。在该对话框中可通过【图案填充】或【渐变色】选项卡来对图案填充进行设置。

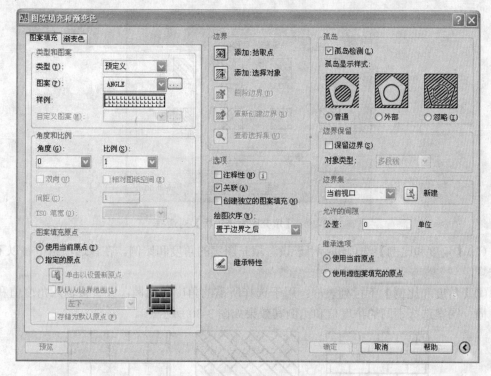

图 3-28 【图案填充和渐变色】对话框

1.【图案填充】选项卡

使用【图案填充】选项卡（如图 3-28 所示）可以将选定的图案填充到指定的图形区域中。在该选项卡中，需要对以下几个选项进行设置。

(1)【类型和图案】选项组：用于设置图案填充的类型和图案类型。在该选项组中有以下 4 个选项。

①【类型】下拉列表框：用于设置填充图案的类型，其中包括 3 种类型：预定义、用户定义和自定义。

②【图案】下拉列表框：用于设置填充的图案。单击下拉列表框右边的 按钮，打开【填充图案选项板】对话框，如图 3-29 所示。通过该对话框可以查看填充图案并做出选择。

③【样例】列表框：用于显示选定填充图案的预览图像。

④【自定义图案】下拉列表框：用于选择可用的自定义图案。只有在【类型】下拉列表框中选择了【自定义】选项，此选项才可用。

图 3-29 【填充图案选项板】对话框

(2)【角度和比例】选项组：用于设置填充图案的角度和比例。在该选项组中有以下 5 个选项。

① 【角度和比例】下拉列表框：用于选择所需的角度和比例，或直接输入角度值和比例。同一图案选择不同的角度值和比例其效果如图 3-30 所示。

图 3-30 不同角度和比例效果比较

② 【双向】复选框：勾选该复选框，可以使用相互垂直的两组平行线填充图形；否则为一组平行线。只有在【类型】下拉列表框中选择了【用户定义】选项，此选项才可用。

③ 【相对图纸空间】复选框：用于将填充图案相对于图纸空间单位缩放。该选项仅适用于布局，使用它时，可以很容易地做到以适合于布局的比例显示填充图案。

④ 【间距】文本框：用于设置填充的平行线之间的距离。只有在【类型】下拉列表框中选择了【用户定义】选项，此选项才可用。

⑤ 【ISO 笔宽】下拉列表框：用于设置笔的宽度。只有在【图案】下拉列表框中选择了【ISO】选项时，此选项才可用。

(3)【图案填充原点】选项组：用于控制填充图案生成的起始位置。当某些图案填充（例如砖块图案）需要与图案填充边界上的一点对齐时，可用该选项进行设置。在该选项组中有以下两个选项。

① 【使用当前原点】单选按钮：用于指定原点（0，0）作为图案填充原点。

② 【指定的原点】单选按钮：用于指定新的图案填充原点。其中，单击【单击以设置新原点】按钮，可以指定新的图案填充原点；勾选【默认为边界范围】复选框，可以以图案填充对象边界的 4 个角点及其中心作为图案填充原点；勾选【存储为默认原点】复选框，可以将指定的点存储为默认的图案填充原点。

(4)【边界】选项组：用于选择图案填充边界。在该选项组中有以下 5 个选项。

① 【拾取点】按钮：用于以拾取点方式来指定图案填充边界。单击该按钮将切换到绘图窗口，此时可在需要填充的区域内任意指定一点，系统将自动计算出包围该点的封闭填充边界，同时亮显该边界，如图 3-31 所示。如果在拾取点后系统不能形成封闭的填充边界，则显示错误提示信息。

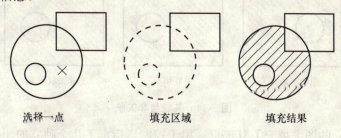

图 3-31 边界确定

② 【选择对象】按钮：用于以选择对象方式来指定图案填充边界。单击该按钮将切换到绘图窗口，此时可以通过选择对象的方式定义填充区域的边界，如图 3-32 所示。

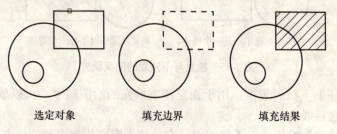

图 3-32 选取边界对象

③ 【删除边界】按钮：用于删除图案填充边界。单击该按钮将切换到绘图窗口，此时可从边界定义中删除以前添加的任何对象，如图 3-33 所示。

④ 【重新创建边界】按钮：用于重新创建图案填充边界。

⑤ 【查看选择集】按钮：用于查看已定义的图案填充边界。

(5)【选项】选项组。在该选项组中有以下 4 个选项。

① 【注释性】复选框：用于将图案定义为可注释性对象。

②【关联】复选框：用于确定填充图案与边界的关系。若勾选该复选框，则填充的图案与填充边界保持着关联关系，如图 3-34 所示。

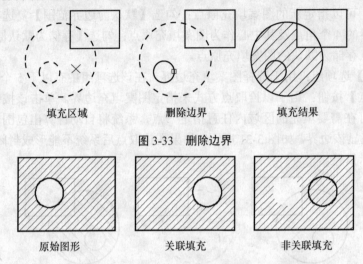

图 3-33　删除边界

图 3-34　关联与非关联

③【创建独立的图案填充】复选框：用于控制当指定了几个独立的闭合边界时，是创建单个图案填充对象，还是创建多个图案填充对象，如图 3-35 所示。

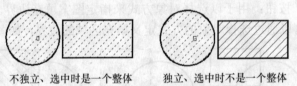

图 3-35　独立与不独立的图案填充

④【绘图次序】下拉列表框：用于指定图案填充的绘图顺序，可以放在所有其他对象及图案填充边界之后或之前。

（6）【继承特性】按钮：用于将图中已有的填充图案作为当前的填充图案。

（7）【孤岛】选项组：用于指定孤岛的检测方法。孤岛是指边界内的封闭区域。该选项组提供了 3 种检测孤岛的方法。

①【普通孤岛检测】：从最外层边界向内部填充时，如果遇到内部孤岛，将关闭图案填充，直到遇到该孤岛内的另一个孤岛，如此反复交替进行。

②【外部孤岛检测】：从最外层的边界向内部填充时，只对最外层检测到的区域进行填充，填充后就终止该操作。

③【忽略孤岛检测】：从最外层边界开始填充时，将不再进行内部边界检测，此时整个

区域都被填充。

(8)【边界保留】选项组：用于选择填充边界的保留类型。

(9)【边界集】选项组：用于定义填充边界的对象集。在默认情况下，系统根据【当前视口】中的所有对象定义边界集；也可以单击【新建】按钮，切换到绘图窗口，选择用来定义边界集的对象定义边界集。

(10)【允许的间隙】选项组：用于设置间隙值。在该选项中，通过【公差】文本框可以设置将对象用作图案填充边界时允许的间隙。设置的间隙默认值为 0，此时指定对象必须是封闭区域且没有间隙；在设置的参数范围（从 0~5000）内可以将一个几乎封闭的区域视为封闭的边界。

(11)【继承选项】选项组：用于确定在使用继承属性创建图案填充时图案填充原点的位置，可以选择【使用当前原点】或【使用源图案填充的原点】。

2.【渐变色】选项卡

渐变色是从一种颜色到另一种颜色的平滑过渡。使用【渐变色】选项卡，可以创建单色或双色渐变色，并对图案进行填充，如图 3-36 所示。

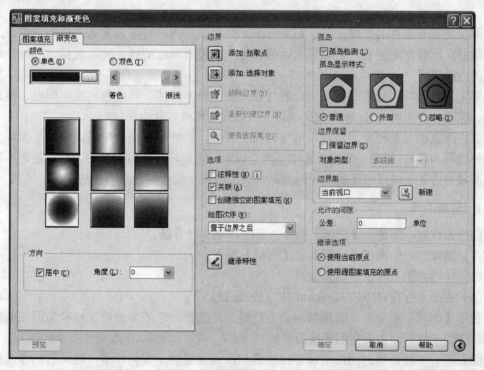

图 3-36　【渐变色】选项卡

在该选项卡中，除以下 3 个选项组需单独设置外，其他各选项的设置同【图案填充】选项卡。

(1)【颜色】选项组：用于选择使用单色或双色进行填充。

①【单色】单选按钮：在默认情况下，该按钮始终处于选中状态，此时系统显示▭按钮和色调滑块。其中，▭按钮用于选择图案填充的颜色；色调滑块用于指定颜色的渐浅或着色。

②【双色】单选按钮：用于指定在两种颜色之间平滑过渡的双色渐变填充。

(2) 渐变方式样板：用于选择不同的渐变方式。

(3)【方向】选项组：用于指定颜色的渐变方式。在该选项组中有以下两个选项。

①【居中】复选框：用于控制颜色渐变是否居中。

②【角度】下拉列表框：用于指定相对于当前 UCS 的渐变填充角度。此选项与图案填充的指定角度互不影响。

3.10 面　　域

面域是具有边界的二维区域，它是一个平面对象，内部可以包含孔。从外观看，面域和一般的封闭线框无区别，但实际上面域像是一张没有厚度的纸，除了包括边界外，还包括边界内的平面。

要转化为面域的对象必须是闭合的对象，如闭合多段线、直线和曲线（圆弧、圆、椭圆弧、椭圆和样条曲线）。所有相交或自交的曲线不可被转化为面域。

要将选取的对象转换为面域，可先转换多段线、直线和曲线以形成闭合的平面环（面域的外边界和孔）。如果一个端点连接了两个以上的曲线，转换后得到的面域可能是不确定的。面域的边界由端点相连的曲线组成，曲线上的每个端点仅连接两条边。

1. 创建面域

创建面域时，需使用【面域】命令，常用以下 3 种方法。

(1) 从菜单栏中选择【绘图】|【面域】命令。

(2) 单击绘图工具栏中的▭按钮。

(3) 在命令行窗口中输入 region 并按 Enter 键。

使用【面域】命令后，直接响应命令行提示，选择一个或多个用于转换为面域的封闭图形，按回车键后即可将它们转换为面域。

因为圆、多边形等封闭图形属于线框模型，而面域属于实体模型，因此它们在选中时的表现形式也不相同。图 3-37 所示为选中圆与圆形面域时的效果。

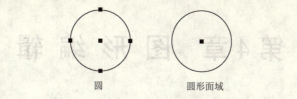

图 3-37 选中圆与圆形面域时的效果

2. 面域的布尔操作

在 AutoCAD 中，可以对面域进行并集、差集和交集 3 种布尔运算。

（1）并集运算。它是指将两个或两个以上面域合并为一个单独面域的运算。使用并集运算的方法是：从菜单栏中选择【修改】|【实体编辑】|【并集】命令。使用此命令后，按命令行提示进行操作，运算结果如图 3-38（b）所示。

（2）差集运算。它是指从一个面域减去另一个面域的运算。使用差集运算的方法是：从菜单栏中选择【修改】|【实体编辑】|【差集】命令。使用此命令后，按命令行提示进行操作，运算结果如图 3-38（c）所示。

（3）交集运算。它是指从两个或两个以上的面域中抽取其公共部分的运算。使用交集运算的方法是：从菜单栏中选择【修改】|【实体编辑】|【交集】命令。使用此命令后，按命令行提示进行操作，运算结果如图 3-38（d）所示。

（a）面域原图　　　（b）并集　　　（c）差集　　　（d）交集

图 3-38 布尔运算的结果

3. 面域的数据提取

由于面域是实体对象，因此它比对应的线框模型含有更多的信息，可以通过相关操作提取面域的有关数据，操作方法如下。

（1）选择【工具】|【查询】|【面域/质量特性】命令。

（2）在命令行窗口输入 massprop 并按 Enter 键。

使用 massprop 命令后，响应命令行提示选择面域对象，然后按 Enter 键，系统自动切换到【AutoCAD 文本窗口】，显示面域对象的数据特性。

第 4 章 图 形 编 辑

在 AutoCAD 中，一些基本的图形可以通过单纯地使用绘图命令和绘图工具来绘制，而遇到比较复杂的图形时，用户就需要使用各种各样的编辑命令来对基本图形进行编辑。AutoCAD 2008 提供了众多的图形编辑命令，使用这些命令，可以修改已有图形或通过已有图形来构建新的复杂图形。

4.1 选 择 对 象

在二维图形的编辑过程中，需要进行选择图形对象的操作，AutoCAD 为用户提供了多种选择对象的方式。对于不同图形、不同位置的对象可使用不同的选择方式，这样可以提高绘图的工作效率。

1. 点选

点选表示直接通过点取的方式选择对象，这是系统默认的一种对象选择方法。在使用编辑命令选择图形对象时，绘图区域的十字光标变成拾取框，用鼠标移动拾取框在所要选择的图形对象上单击鼠标左键就会选中该对象，此时被选中的对象将以虚线表示，如图 4-1 所示。

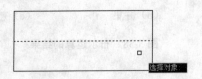

图 4-1　拾取框选择对象

2. 窗口选择

窗口选择表示用由两个对角顶点确定的矩形窗口来选取位于其范围内部的所有图形，与边界相交的对象不会被选中。在指定对角顶点时应该按照从左向右的顺序移动鼠标，此时系统将显示一个实线矩形框，位于矩形窗口内部的所有图形被选中，被选中的对象以虚线显示，如图 4-2 所示。

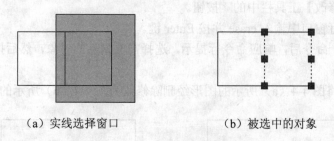

(a) 实线选择窗口　　　　　　(b) 被选中的对象

图 4-2　窗口选择对象

3. 交叉窗口选择

交叉窗口选择表示用由两个对角顶点确定的矩形窗口来选取位于其范围内部的所有图形，与边界相交的对象也会被选中。在指定对角顶点时应该按照从右向左的顺序移动鼠标，此时系统将显示一个虚线矩形框，只要与交叉窗口相交或被交叉窗口包容的对象，都将被选中，如图 4-3 所示。

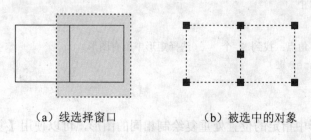

(a) 线选择窗口　　　　　　(b) 被选中的对象

图 4-3　交叉窗口选择对象

如果在使用交叉窗口选择的图形对象中包含有不需要选择的对象，此时可以采用以下方法从选择集中取消对象的选择。

（1）按 shift 键，单击要从选择集中取消的图形对象。

（2）在命令行中输入 R 命令，然后选择要从选择集中取消的图形对象。

4.2　删除、复制和偏移对象

4.2.1　删除对象

在绘图时如果需要删除那些多余或错误的图形对象，可以使用【删除】命令，常用以下 3 种方法。

（1）从菜单栏中选择【修改】|【删除】命令。

(2) 单击【修改】工具栏中的 按钮。

(3) 在命令行窗口中输入 erase 并按 Enter 键。

使用【删除】命令后,响应命令行提示,选择需要删除的对象,然后按 Enter 键即完成对象的删除。

【例 4-1】 将图 4-4（a）所示的图形经删除修改为图 4-4（b）所示的图形。

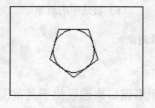 

（a）删除前　　　　　　　　　　（b）删除后

图 4-4　删除操作

执行命令过程如下。

命令：_erase
选择对象：指定对角点：找到 2 个　　（选择矩形中所有图形）
选择对象：（按 Enter 键）

4.2.2　复制对象

如果需要在图形中指定的位置处重复绘制相同的图形,可以使用【复制】命令,常用以下 3 种方法。

(1) 从菜单栏中选择【修改】|【复制】命令。

(2) 单击【修改】工具栏中的 按钮。

(3) 在命令行窗口中输入 copy 并按 Enter 键。

使用【复制】命令后,响应命令行提示,选择需要复制的对象,然后指定被复制的对象的位置即完成对象的复制。

【例 4-2】 将图 4-5（a）所示的图形经复制修改为图 4-5（b）所示的图形。

执行命令过程如下。

命令：_copy
选择对象：找到 1 个　　（单击选择圆 E）
选择对象：（按 Enter 键）
指定基点或[位移（D）]<位移>：<对象捕捉 开>指定第二个点或<使用第一个点作为位移>：
（打开对象捕捉开关,捕捉圆 E 的圆心,捕捉圆弧 B 的圆心）
指定第二个点或[退出（E）/放弃（U）]<退出>：（捕捉圆弧 C 的圆心）

指定第二个点或[退出（E）/放弃（U）]<退出>:（捕捉圆弧 D 的圆心）
指定第二个点或[退出（E）/放弃（U）]<退出>:（按 Enter 键）
命令：_copy
选择对象：找到 1（单击选择矩形 F）
选择对象：（按 Enter 键）
指定基点或[位移（D）]<位移>:指定第二个点或<使用第一个点作为位移>:@50,30
指定第二个点或[退出（E）/放弃（U）]<退出>:（按 Enter 键）

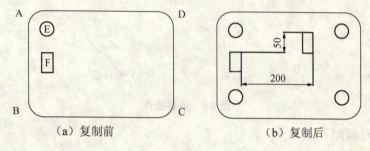

（a）复制前　　　　　　　　　　（b）复制后

图 4-5　复制操作

4.2.3　偏移对象

如果需要绘制一个与原图形相似的新图形，可以使用【偏移】命令，常用以下 3 种方法。
（1）从菜单栏中选择【修改】|【偏移】命令。
（2）单击【修改】工具栏中的 按钮。
（3）在命令行窗口中输入 offset 并按 Enter 键。

使用【偏移】命令时，其命令行提示如下。

指定偏移距离或 [通过（T）/删除（E）/图层（L）] <通过>:

该命令行提示的各选项功能如下。

（1）【指定偏移距离】：通过指定偏移距离来进行偏移操作。此时首先需要输入数值来指定偏移距离，然后选择偏移对象，最后指定偏移方向即可完成偏移命令。
（2）【通过（T）】：通过指定偏移对象所通过的点来进行偏移操作。
（3）【删除（E）】：用于确定是否要在偏移后删除源对象，此时输入 Y 表示是；输入 N 表示否。
（4）【图层（L）】：用于选择要偏移对象的图层。

使用【偏移】命令时，偏移的结果不一定与原对象相同。例如，对圆弧作偏移后，圆弧与旧圆弧同心且具有同样的包含角，但新圆弧的长度要发生改变；对圆或椭圆作偏移后，新圆、新椭圆与旧圆、旧椭圆有同样的圆心，但新圆的半径或新椭圆的轴长要发生变化；对直线段、构造线、射线作偏移，是平行复制。

【例4-3】 将图4-6（a）所示的图形经偏移修改为图4-6（b）所示的图形。

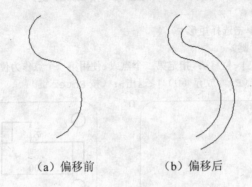

（a）偏移前　　　（b）偏移后

图4-6 偏移操作

执行命令过程如下。

命令：_offset
当前设置：删除源=否 图层=源 OFFSETGAPTYPE=0
指定偏移距离或[通过(T)/删除(E)/图层(L)]<通过>：100
选择要偏移的对象，或[退出(E)/放弃(U)]<退出>：（选择需要偏移的样条曲线）
指定要偏移的那一侧上的点，或[退出(E)/多个(M)/放弃(U)]<退出>：（单击样条曲线右侧）
选择要偏移的对象，或[退出(E)/放弃(U)]<退出>：（按Enter键）

4.3 镜像、阵列对象

4.3.1 镜像对象

在绘制对称图形时可以使用【镜像】命令，常用以下3种方法。
（1）从菜单栏中选择【修改】|【镜像】命令。
（2）单击【修改】工具栏中的按钮。
（3）在命令行窗口中输入mirror并按Enter键。

使用【镜像】命令后，响应命令行提示选择要镜像的对象，然后在绘图区域指定任意两点，用这两点定义的直线作为对称轴来镜像对象即可完成镜像操作，此时命令行提示：【要删除源对象吗？[是(Y)/否(N)]<N>：】。用户可根据需要选择删除或保留原来的对象，系统的默认操作为"<N>"，即不删除源对象，形成对称结构的图形，如图4-7所示；若选择"Y"，则删除源对象，如图4-8所示。

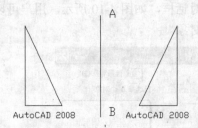 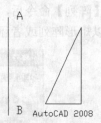

图 4-7 镜像操作　　　　　　　　图 4-8 删除源对象的镜像操作

对文字进行镜像操作时，不会出现前后颠倒的现象，如图 4-7 所示。如果需要文字也进行前后颠倒，用户需将系统变量 mirrtext 的值设置为"1"，其操作步骤如下。

命令：MIRRTEXT
输入 MIRRTEX 的新值<0>：1
命令：mirror
选择对象：指定对角点：找到 4 个　（选择镜像轴线 AD 左侧的图形对象）
选择对象：（按 Enter 键）
指定镜像线的第一点：<对象捕捉开>　（打开对象捕捉开关，捕捉镜像轴线上的 A 点）
指定镜像线的第二点：（捕捉镜像轴线上的 B 点）
是否删除源对象?[是（Y）/否（N）] <N>：

操作结果如图 4-9 所示。

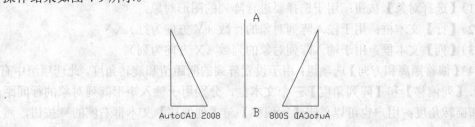

图 4-9 文字颠倒的镜像操作

4.3.2 阵列对象

在绘制图形的过程中，当遇到含有多个相同图形对象的矩形方阵或环形方阵时，可以使用【阵列】命令，常用以下 3 种方法。

（1）从菜单栏中选择【修改】|【阵列】命令。
（2）单击【修改】工具栏中的 按钮。
（3）在命令行窗口中输入 array 并按 Enter 键。

使用【阵列】命令后，系统弹出【阵列】对话框，如图 4-10 所示。用户可以在该对话框中设置以矩形阵列或者环形阵列形式来绘制对象。

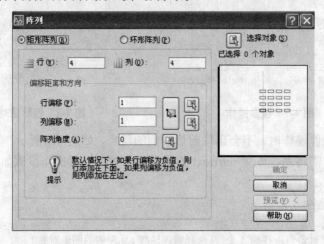

图 4-10　【阵列】对话框

1. 矩形阵列

在【阵列】对话框中，选择【矩形阵列】单选按钮，可以使用矩形阵列方式来绘制对象。此时的对话框如图 4-10 所示，其中各选项的功能如下。

（1）【选择对象】按钮：用于选择要进行阵列的图形对象。

（2）【行】文本框：用于输入阵列对象的行数（Y 方向为行）。

（3）【列】文本框：用于输入阵列对象的列数（X 方向为列）。

（4）【偏移距离和方向】选项组：用于设置阵列的间距值和旋转角度。此选项组中有【行偏移】、【列偏移】和【阵列角度】三个文本框，分别用于输入矩形阵列对象的行间距、列间距和旋转角度；用户也可以单击【行偏移】与【列偏移】文本框右侧的 按钮，然后在绘图窗口中拖动一个矩形，通过矩形的宽度和长度来确定阵列的行间距和列间距；用户也可以分别单击【行偏移】与【列偏移】两个文本框右侧的 按钮，然后在绘图窗口中拾取两个点，利用两点间距离和方向来确定行间距或列间距。如果【行偏移】设定为正值，则图形对象向上复制生成阵列，反之向下；如果【列偏移】设定为正值，则图形对象向右复制生成阵列，反之向左。

（5）【预览】按钮：用于查看阵列结果。单击该按钮，将弹出【阵列】对话框，如图 4-11 所示。若对阵列结果满意，单击【接受】按钮完成阵列；若单击【修改】按钮，则可以返回对话框修改参数；单击【取消】按钮则放弃阵列。

图 4-11 【阵列】对话框

2. 环形阵列

如果需要使用环形阵列方式来绘制对象,可以在【阵列】对话框中单击【环形阵列】单选按钮,此时的对话框如图 4-12 所示。

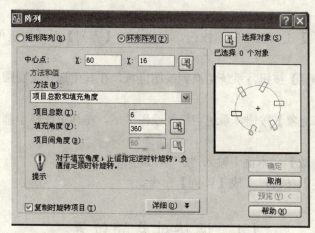

图 4-12 【阵列】对话框——环形阵列

该对话框中各选项的功能如下。

(1)【选择对象】按钮:用于选择要进行阵列的图形对象。

(2)【中心点】选项组:用于设置环形阵列中心点的坐标值。此选项组中有【X】与【Y】两个文本框,分别用于输入阵列中心点的 X、Y 坐标值;用户也可单击文本框右侧的 按钮,然后从绘图窗口中选择一点作为环形阵列的中心点。

(3)【方法和值】选项组:用于设置环形阵列的方法和值。其中,可在【方法】下拉列表框中确定阵列的方法,包括【项目总数和填充角度】、【项目总数和项目间的角度】和【填充角度和项目间的角度】3 种。用户选择的方法不同,设置的值也不同。在设置值时,可以直接在对应的文本框中输入值,也可以通过单击相应按钮,在绘图区域中指定。

(4)【复制时旋转项目】复选框:用于设置在阵列时是否将阵列出的对象旋转。勾选该复选框,则阵列对象将相对中心点旋转,否则不旋转。

【例4-4】 将图 4-13(a)所示的图形经阵列修改为图 4-13(b)所示的图形。

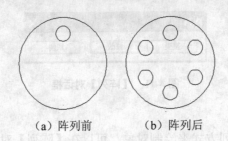

图 4-13 阵列操作

操作步骤如下。

(1) 单击【修改】工具栏中的 按钮,在弹出的【阵列】对话框里单击【环形阵列】单选按钮。

(2) 单击【中心点】按钮,系统切换到绘图区域,在其中选择大圆圆心后按 Enter 键返回【阵列】对话框。

(3) 单击【选择对象】按钮,系统切换到绘图区域,在其中选择小圆后按 Enter 键返回【阵列】对话框。

(4) 在【项目总数】文本框中输入"6"后。

(5) 单击【确定】按钮,完成【阵列】命令。

4.4 调整对象的位置

4.4.1 移动对象

如果需要改变某个图形的位置可以使用【移动】命令,常用以下 3 种方法。

(1) 从菜单栏中选择【修改】|【移动】命令。

(2) 单击【修改】工具栏中的 按钮。

(3) 在命令行窗口中输入 move 并按 Enter 键。

使用【移动】命令后,响应命令行提示选择要移动的对象,然后在绘图区域指定任意两点,用这两点定义的直线作为移动的距离即可完成移动操作。

【例 4-5】 将图 4-14(a)所示的图形经移动修改为图 4-14(b)所示的图形。

执行命令过程如下。

```
命令:_move
选择对象:找到 1 个 (选择圆)
选择对象:(按 Enter 键)
```

指定基点或[位移（D）]<位移>：<对象捕捉开>（捕捉矩形的左上端点）
指定第二个点或<使用第一个点作为位移>：（捕捉矩形的右上端点）

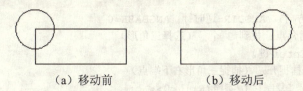

图 4-14　移动操作

4.4.2　旋转对象

如果需要改变图形对象的方向，可以使用【旋转】命令，常用以下 3 种方法。
（1）从菜单栏中选择【修改】|【旋转】命令。
（2）单击【修改】工具栏中的 按钮。
（3）在命令行窗口中输入 rotate 并按 Enter 键。

使用【旋转】命令后，响应命令行提示，选择要旋转的对象，然后在绘图区域指定旋转基点，此时命令行提示如下。

指定旋转角度，或 [复制(C)/参照(R)] <0>：

该命令行提示的各选项功能如下。
（1）【指定旋转角度】：用于指定或输入角度值。指定值后即将对象绕基点旋转此角度，若输入的旋转角度为正时，则将对象沿逆时针方向旋转；反之则沿顺时针方向旋转。
（2）【复制】：用于旋转并复制指定对象。
（3）【参照】：用于以参照方式旋转对象。选择该选项时，需要指定某个方向作为参照的起始角，然后选择一个新对象以指定原对象要旋转到的位置；也可以输入新角度值来确定要旋转到的位置。

【例 4-6】　将图 4-15（a）所示的图形经旋转并复制修改为图 4-15（b）所示的图形。

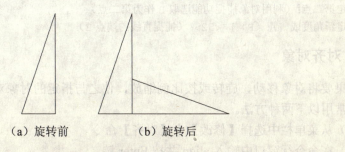

图 4-15　旋转操作（一）

执行命令过程如下。

命令：_rotate
UCS 当前的正角方向： ANGDIR=逆时针 ANGBASE=0
选择对象：指定对角点：找到 3 个 （选择三角形）
选择对象：（按 Enter 键）
指定基点：<对象捕捉开> （捕捉三角形右下端点）
指定旋转角度，或 [复制(C)/参照(R)] <0>: C
旋转一组选定对象。
指定旋转角度，或 [复制(C)/参照(R)] <0>: -90

【例 4-7】 将图 4-16（a）所示的图形经旋转修改为图 4-16（b）所示的图形。

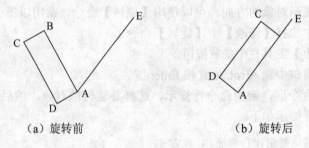

（a）旋转前　　　　　　　　　　（b）旋转后

图 4-16　旋转操作（二）

执行命令过程如下。

命令：_rotate
UCS 当前的正角方向：ANGDIR=逆时针 ANGBASE=0
选择对象：找到 1 个 （单击选择矩形）
选择对象：（按 Enter 键）
指定基点：<对象捕捉开> （捕捉矩形 A 端点）
指定旋转角度，或 [复制(C)/参照(R)] <270>: R
指定参照角 <270>:（利用对象捕捉功能选取 A 作为第一点）
指定第二点：（利用对象捕捉功能选取 B 作为第二点）
指定新角度或 [点(P)] <52>:（捕捉直线的端点 E）

4.4.3　对齐对象

如果要将对象移动、旋转或按比例缩放，使之与指定的对象对齐，可以使用【对齐】命令，常用以下两种方法。

（1）从菜单栏中选择【修改】|【对齐】命令。
（2）在命令行窗口中输入 align 并按 Enter 键。

在【对齐】命令的操作过程中，一般需要使源对象与目标对象按一个或两个端点进行对齐，操作完成后源对象与目标对象的第一点将重合在一起。如果要使他们的第二个端点也重合，就需使用【基于对齐点缩放对象】选项缩放源对象。

【例4-8】 将图4-17（a）所示的图形经对齐修改为图4-17（b）所示的图形。

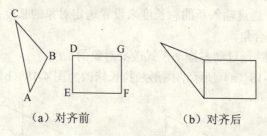

（a）对齐前　　　　　（b）对齐后

图4-17　对齐操作

执行命令过程如下。

命令：_align
选择对象：指定对角点：找到 3 个　（选择左侧的三角形）
选择对象：（按 Enter 键）
指定第一个源点：<对象捕捉开>　（捕捉第一个源点 A）
指定第一个目标点：（捕捉第一个目标点 E）
指定第二个源点：（捕捉第二个源点 B 点）
指定第二个目标点：（捕捉第二个目标点 D）
指定第三个源点或<继续>：（按 Enter 键）
是否基于对齐点缩放对象?[是（Y）/否（N）]<否>：Y

4.5　调整对象的尺寸

4.5.1　拉长对象

如果需要延伸或缩短非闭合直线、圆弧、非闭合多段线、椭圆弧、非闭合样条曲线等图形对象的长度，可以使用【拉长】命令，常用以下两种方法。

（1）从菜单栏中选择【修改】|【拉长】命令。
（2）在命令行窗口中输入 lengthen 并按 Enter 键。

使用【拉长】命令后，命令行提示如下。

选择对象或 [增量(DE)/百分数(P)/全部(T)/动态(DY)]：

该命令行提示的各选项功能如下。

（1）【选择对象】：用于选择要拉长的对象并查看所选对象的长度。

（2）【增量（DE）】：通过指定的增量修改对象的长度。该增量是从距离选择点最近的端点处开始测量，若输入的增量为正值则增长对象；反之则减短对象。

（3）【百分数（P）】：通过指定对象总长度的百分数改变对象长度。

（4）【全部（T）】：通过输入新的总长度来设置选定对象的长度；也可以按照指定的总角度设置选定圆弧的包含角。

（5）【动态（DY）】：通过动态拖动模式改变对象的长度。

【例 4-9】 将图 4-18（a）所示的图形经拉长修改为图 4-18（b）所示的图形。

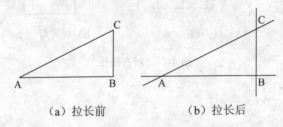

图 4-18 拉长操作

执行命令过程如下。

命令：_lengthen
选择对象或[增量（DE）/百分数（P）/全部（T）/动态（DY）]：DE
输入长度增量或[角度（A）] <40.0000>：5
选择要修改的对象或[放弃（U）]：(在 A 点附近单击线段 AC)
选择要修改的对象或[放弃（U）]：(在 A 点附近单击线段 AB)
选择要修改的对象或[放弃（U）]：(在 B 点附近单击线段 BC)
选择要修改的对象或[放弃（U）]：(在 B 点附近单击线段 BA)
选择要修改的对象或[放弃（U）]：(在 C 点附近单击线段 CB)
选择要修改的对象或[放弃（U）]：(在 C 点附近单击线段 CA)
选择要修改的对象或[放弃（U）]：(按 Enter 键)

4.5.2 拉伸对象

如果需要在一个方向上按用户所指定的尺寸拉伸、缩短、移动对象可以使用【拉伸】命令，常用以下 3 种方法。

（1）从菜单栏中选择【修改】|【拉伸】命令。

（2）单击【修改】工具栏中的 按钮。

（3）在命令行窗口中输入 strestch 并按 Enter 键。

【拉伸】命令是通过改变端点的位置来拉伸或缩短图形对象，编辑过程中除被伸长、缩短的对象外，其他图形对象间的几何关系将保持不变。

使用【拉伸】命令后,响应命令行提示选择对象,然后依次指定位移基点和位移矢量即可完成拉伸操作。在操作时,全部位于选择窗口之内的对象被移动,而与选择窗口边界相交的对象被拉伸。

【例 4-10】 将图 4-19(a)所示的图形经拉伸修改为图 4-19(b)所示的图形。

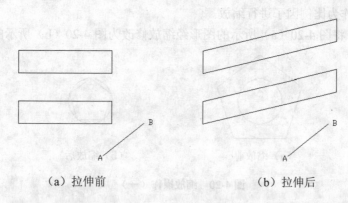

(a)拉伸前　　　　　　　　　　(b)拉伸后

图 4-19 拉伸操作

执行命令过程如下。

命令:_stretch
以交叉窗口或交叉多边形选择要拉伸的对象...
选择对象:指定对角点:找到 3 个 (选择要拉伸的对象)
选择对象:(按 Enter 键)
指定基点或[位移(D)]<位移>:(指定 A 点)
指定第二个点或<使用第一个点作为位移>:(指定 B 点)

4.5.3 缩放对象

如果需要将对象按指定的比例因子相对于基点放大或缩小,可以使用【缩放】命令,常用以下 3 种方法。

(1)从菜单栏中选择【修改】|【缩放】命令。
(2)单击【修改】工具栏中的 按钮。
(3)在命令行窗口中输入 scale 并按 Enter 键。

使用【缩放】命令后,响应命令行提示,选择要缩放的对象,然后在绘图区域指定缩放基点,此时命令行提示如下。

指定比例因子或 [复制(C)/参照(R)] <1.0000>:

该命令行提示的各选项功能如下。

(1)【指定比例因子】：用于输入比例因子（正数）来缩放对象。比例因子大于1，实体目标将被放大；比例因子小于1，实体目标将被缩小。

(2)【复制】：用于复制并缩放指定对象。

(3)【参照】：用于以参照方式缩放图形。当用户输入参考长度和新长度时，系统把新长度和参考长度作为比例因子进行缩放。

【例 4-11】 将图 4-20（a）所示的图形经缩放修改为图 4-20（b）所示的图形。

(a) 缩放前　　　　　(b) 缩放后

图 4-20　缩放操作（一）

执行命令过程如下。

```
命令：_scale
选择对象：找到1个　（单击选择正五边形）
选择对象：（按 Enter 键）
指定基点：<对象捕捉开>　（捕捉圆心）
指定比例因子或[复制(C)/参照(R)] <2.0000>：0.5
```

【例 4-12】 将图 4-21（a）所示的图形经复制并缩放修改为图 4-20（b）所示的图形。

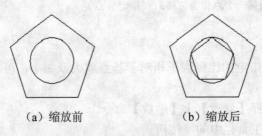

(a) 缩放前　　　　　(b) 缩放后

图 4-21　复制并缩放操作（二）

执行命令过程如下。

```
命令：_scale
选择对象：找到1个　（单击选择正五边形）
选择对象：（按 Enter 键）
指定基点：<对象捕捉开>　（捕捉圆心）
```

指定比例因子或[复制(C)/参照(R)] <2.0000>：C
缩放一组选定对象。
指定比例因子或[复制(C)/参照(R)] <2.0000>：0.5

【例 4-13】 将图 4-22（a）所示的图形经复制并缩放修改为图 4-22（b）所示的图形。

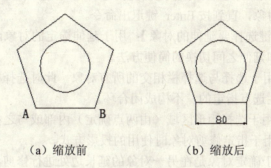

（a）缩放前　　　　　　（b）缩放后

图 4-22　复制并缩放操作（三）

执行命令过程如下。

命令：_scale
选择对象：找到 1 个　（单击选择正五边形）
选择对象：（按 Enter 键）
指定基点：<对象捕捉开>　（捕捉圆心）
指定比例因子或[复制(C)/参照(R)] <2.0000>：R
指定参照长度 <1.0000>：（捕捉顶点 A）
指定第二点：（捕捉顶点 B，将 AB 设置为参照）
指定新的长度或[点（P）] <1.0000>：80

4.6　修剪、延伸对象

4.6.1　修剪对象

如果要修剪绘图过程中绘制出的多余线条，可以使用【修剪】命令，常用以下 3 种方法。

（1）从菜单栏中选择【修改】|【修剪】命令。
（2）单击【修改】工具栏中的 按钮。
（3）在命令行窗口中输入 trim 并按 Enter 键。

使用【修剪】命令后，响应命令行提示选择作为剪切边的对象，命令行提示如下。

选择要修剪的对象,或按住 Shift 键选择要延伸的对象,或[栏选(F)/窗交(C)/投影(P)/边(E)/删除(R)/放弃(U)]:

该命令行提示的各选项功能如下。

(1)【选择要修剪的对象】：用于指定修剪对象。此时选择修剪对象提示将会重复,用户可以选择多个修剪对象,直到按 Enter 键退出命令。

(2)【按住 Shift 键选择要延伸的对象】：用于延伸选定的对象而不是修剪它们。此选项提供了一种在修剪和延伸之间切换的简便方法。

(3)【栏选(F)】：用于选择与选择栏相交的所有对象。此时选择栏是一系列临时线段,它们是用两个或多个栏选点指定的,不构成闭合环。

(4)【窗交(C)】：用于选择矩形区域（由两点确定）内部或与之相交的对象。

(5)【投影(P)】：用于指定修剪对象时使用的投影方式。

(6)【边(E)】：用于确定对象是在另一对象的延长边处进行修剪,还是仅在三维空间中与该对象相交的对象处进行修剪。

(7)【删除(R)】：用于删除选定的对象。此选项提供了一种用来删除不需要的对象的简便方式,而无需退出 trim 命令。

(8)【放弃(U)】：用于撤销由 trim 命令所做的最近一次修改。

【例 4-14】 将图 4-23（a）所示的图形经修剪修改为图 4-23（b）所示的图形。

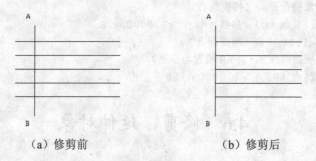

(a) 修剪前　　　　　　　(b) 修剪后

图 4-23　修剪操作

执行命令过程如下。

命令：_trim
当前设置：投影=UCS,边=无
选择剪切边...
选择对象或 <全部选择>: 找到 1 个　（选择线段 AB 作为剪切边）
选择对象：（按 Enter 键）
选择要修剪的对象,或按住 Shift 键选择要延伸的对象,或[栏选（F）/窗交（C）/投影（P）/边（E）/删除（R）/放弃（U）]: F

指定第一个栏选点：(在 AB 左侧线段的上端任选一点)
指定下一个栏选点或 [放弃(U)]：(在 AB 左侧线段的下端任选一点)
指定下一个栏选点或 [放弃(U)]：(按 Enter 键)
选择要修剪的对象，或按住 Shift 键选择要延伸的对象，或[栏选(F)/窗交(C)/投影(P)/边(E)/删除(R)/放弃(U)]：按 Enter 键

4.6.2 延伸对象

如果需要将线段、曲线等对象延伸到一个边界对象，使其与边界对象相交，可以使用【延伸】命令，常用以下 3 种方法。

(1) 从菜单栏中选择【修改】|【延伸】命令。
(2) 单击【修改】工具栏中的 按钮。
(3) 在命令行窗口中输入 extend 并按 Enter 键。

延伸命令的使用方法和修剪命令的使用方法相似，不同之处在于：使用延伸命令时，如果在按下 Shift 键的同时选择对象，将执行修剪命令；使用修剪命令时，如果在按下 Shift 键的同时选择对象，将执行延伸命令。

【例 4-15】 将图 4-24（a）所示的图形经延伸修改为图 4-24（b）所示的图形。

(a) 延伸前　　　　　　　　　(b) 延伸后

图 4-24　延伸操作（一）

执行命令过程如下。

命令：_extend
当前设置：投影=UCS, 边=延伸
选择边界的边...
选择对象或 <全部选择>：指定对角点：找到 1 个 (选择线段A)
选择对象：(按 Enter 键)
选择要延伸的对象，或按住 Shift 键选择要修剪的对象，或[栏选(F)/窗交(C)/投影(P)/边(E)/放弃(U)]：(在 B 点处单击线段 B)
选择要延伸的对象，或按住 Shift 键选择要修剪的对象，或[栏选(F)/窗交(C)/投影(P)/边(E)/放弃(U)]：按 Enter 键

【例 4-16】 将图 4-25（a）所示的图形经延伸修改为图 4-25（b）所示的图形。

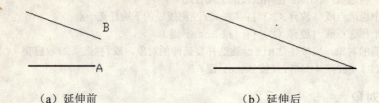

(a) 延伸前　　　　　　　　　(b) 延伸后

图 4-25　延伸操作（二）

执行命令过程如下。

命令：_extend
当前设置：投影=UCS，边=延伸
选择边界的边...
选择对象或 <全部选择>：指定对角点：找到 1 个　（选择线段 A 作为延伸边）
选择对象：（按 Enter 键）
选择要延伸的对象，或按住 Shift 键选择要修剪的对象，或[栏选（F）/窗交（C）/投影（P）/边（E）/放弃（U）]：E
输入隐含边延伸模式[延伸（E）/不延伸（N）]<不延伸>：E
选择要延伸的对象，或按住 Shift 键选择要修剪的对象，或[栏选（F）/窗交（C）/投影（P）/边（E）/放弃（U）]：（在 B 点处单击线段 B）
选择要延伸的对象，或按住 Shift 键选择要修剪的对象，或[栏选（F）/窗交（C）/投影（P）/边（E）/放弃（U）]：（按 Enter 键）

4.7　打断、分解对象

4.7.1　打断对象

在 AutoCAD 中，提供了两种用于打断对象的命令：【打断】命令和【打断于点】命令。

1. 【打断】命令

如果需要将对象打断，并删除所选对象的一部分，从而将其分为两个部分，可以使用【打断】命令，常用以下 3 种方法。

（1）从菜单栏中选择【修改】|【打断】命令。
（2）单击【修改】工具栏中的 按钮。
（3）在命令行窗口中输入 break 并按 Enter 键。

使用【打断】命令后，响应命令行提示选择要打断的对象，命令行提示如下。

第 4 章　图形编辑

指定第二个打断点 或 [第一点(F)]：

该命令行提示的各选项功能如下。

(1)【指定第二个打断点】：在图形对象上选取第二点后，系统则将第一打断点与第二打断点间的部分删除。

(2)【第一点】：在默认情况下，在对象选择时确定的点即为第一个打断点，若需要另外选择一点作为第一个打断点时，则可以选择该选项，然后单击需要的第一个打断点。

【例 4-17】　将图 4-26（a）所示的图形经打断修改为图 4-26（b）所示的图形。

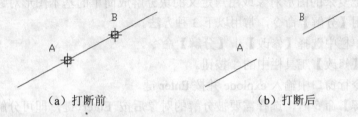

(a) 打断前　　　　　　　　　　(b) 打断后

图 4-26　打断操作

执行命令过程如下。

命令：_break 选择对象：(在直线上选择 A 点)
指定第二个打断点 或 [第一点（F）]：(在直线上选择 B 点)

2.【打断于点】命令

如果需要将所选的对象打断，使之成为两个对象，但不删除其中的部分时，可以使用【打断于点】命令，常用以下 3 种方法。

(1) 从菜单栏中选择【修改】|【打断于点】命令。

(2) 单击【修改】工具栏中的□按钮。

(3) 在命令行窗口中输入 break 并按 Enter 键。

使用【打断于点】命令时，需要选择要被打断的对象，然后指定打断点，即可从该点打断对象。

【例 4-18】　将图 4-27（a）所示的图形经 A 点打断修改为图 4-27（b）所示的图形。

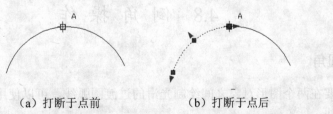

(a) 打断于点前　　　　　　　　(b) 打断于点后

图 4-27　打断于点操作

执行命令过程如下。

命令：_break 选择对象：（单击选择圆弧对象）
指定第二个打断点或[第一点（F）]：_f
指定第一个打断点：<对象捕捉开>（选择圆弧上A点）
指定第二个打断点：@

4.7.2 分解对象

如果需要把复杂的图形对象或用户定义的块分解成简单的基本图形对象，以便单独选取时，可以使用【分解】命令，常用以下3种方法。

（1）从菜单栏中选择【修改】|【分解】命令。
（2）单击【修改】工具栏中的 按钮。
（3）在命令行窗口中输入 explode 并按 Enter 键。

使用【分解】命令时，选择需要被分解的对象后按 Enter 键，即可分解图形并结束此命令。

【例 4-19】 将图 4-28（a）所示的图形经分解修改为图 4-28（b）所示的图形。

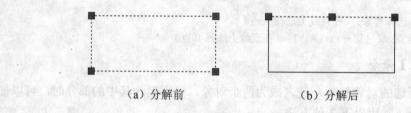

图 4-28 分解操作

执行命令过程如下。

命令：_explode
选择对象：（选择矩形）
选择对象：（按 Enter 键）

4.8 倒角操作

4.8.1 倒圆角

如果需要在两个图形对象之间绘制光滑的过渡圆弧线，可以使用【圆角】命令，常用以下3种方法。

(1) 从菜单栏中选择【修改】|【圆角】命令。
(2) 单击【修改】工具栏中的 按钮。
(3) 在命令行窗口中输入 fillet 并按 Enter 键。

使用【圆角】命令后,命令行提示如下。

选择第一个对象或 [放弃(U)/多段线(P)/半径(R)/修剪(T)/多个(M)]:

该命令行提示的各选项功能如下。

(1)【选择第一个对象】:用于选择需要进行倒圆角的两条相邻的线段,然后按当前的圆角大小对这两条线段进行倒圆角。

(2)【放弃(U)】:用于恢复在命令中执行的上一个操作。

(3)【多段线】:用于在多段线的每个顶点处进行倒圆角。

(4)【半径】:用于设置圆角的半径。

(5)【修剪】:用于控制倒圆角操作是否修剪对象。在设置修剪对象时,圆角如图 4-29 (a) 所示;在设置不修剪对象时,圆角如图 4-29 (b) 所示。

图 4-29　圆角的修剪与不修剪

(6)【多个】:用于设置连续的倒圆角操作,此时 AutoCAD 将重复显示提示命令,直到用户按 Enter 键结束为止。

【例 4-20】　将图 4-30 (a) 所示的图形经倒圆角修改为图 4-30 (b) 所示的图形。

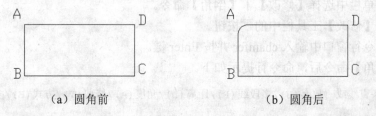

图 4-30　圆角操作（一）

执行命令过程如下。

命令：_fillet
当前设置模式 = 修剪，半径 = 0.0000
选择第一个对象或 [放弃(U)｜多段线(P)｜半径(R)｜修剪(T)｜多个(M)]：R
指定圆角半径 <0.0000>：50
选择第一个对象或 [放弃(U)｜多段线(P)｜半径(R)｜修剪(T)｜多个(M)]：(选择线段AB)
选择第二个对象，或按住 Shift 键选择要应用角点的对象：(选择线段AD)

此外，用户还可以在两条平行线之间绘制倒圆角，圆角的半径取决于平行线之间的距离，而与圆角所设置的半径无关。

【例 4-21】 将图 4-31（a）所示的图形经倒圆角修改为图 4-31（b）所示的图形。

（a）圆角前　　　　　　　　　　　（b）圆角后

图 4-31　圆角操作（二）

执行命令过程如下。

命令：_fillet
当前设置：模式 = 不修剪，半径 = 50.0000
选择第一个对象或 [放弃(U)｜多段线(P)｜半径(R)｜修剪(T)｜多个(M)]：(选择第一条线段)
选择第二个对象，或按住 Shift 键选择要应用角点的对象：(选择第二条线段)

4.8.2　倒直角

如果需要将两个图形对象之间用一条斜直线进行连接，可以使用【倒角】命令，常用以下 3 种方法。

（1）从菜单栏中选择【修改】｜【倒角】命令。
（2）单击【修改】工具栏中的 按钮。
（3）在命令行窗口中输入 chamfer 并按 Enter 键。

使用【倒角】命令后，命令行提示如下。

选择第一条直线或 [放弃(U)/多段线(P)/距离(D)/角度(A)/修剪(T)/方式(E)/多个(M)]：

该命令行提示的各选项功能如下。

（1）【选择第一条直线】：用于选择需要进行倒角的两条相邻的直线，然后按当前的倒角大小对这两条直线进行倒角。

(2)【放弃】：用于恢复在命令中执行的上一个操作。

(3)【多段线】：用于对多段线上每个顶点处的相交直线段进行倒角，倒角将成为多段线中的新线段；如果多段线中包含的线段小于倒角距离，则不对这些线段进行倒角。

(4)【距离】：用于设置倒角至选定边端点的距离。如果将两个距离都设置为零，AutoCAD 将延伸或修剪相应的两条线段，使二者相交于一点。

(5)【角度】：通过设置第一条线的倒角距离以及第二条线的角度来进行倒角。图 4-32 所示为第一条直线的倒角距离是 100，角度分别是 45°和 30°的效果。

图 4-32 倒角角度效果

(6)【修剪】：用于控制倒角操作是否修剪对象。

(7)【方式】：用于控制倒角的方式，即选择通过设置倒角的两个距离或者通过设置一个距离和角度的方式来创建倒角。

(8)【多个】：用于设置连续的倒角操作，此时 AutoCAD 将重复显示提示命令，直到用户按 Enter 键结束为止。

【例 4-22】 将图 4-33（a）所示的图形经倒角修改为图 4-33（b）所示的图形。

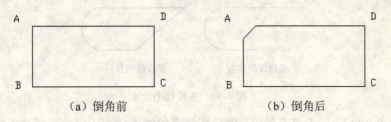

图 4-33 倒角操作

执行命令过程如下。

命令：_chamfer
（"修剪"模式）当前倒角距离 1 = 0.0000，距离 2 = 0.0000
选择第一条直线或 [放弃（U）/多段线（P）/距离（D）/角度（A）/修剪（T）/方式（E）/多个（M）]：D
指定第一个倒角距离 <0.0000>：50
指定第二个倒角距离 <50.0000>：
选择第一条直线或 [放弃（U）/多段线（P）/距离（D）/角度（A）/修剪（T）/方式（E）/多个（M）]：（选择线段 AB）
选择第二条直线，或按住 Shift 键选择要应用角点的直线：（选择线段 AD）

4.9 编辑多段线和多线

4.9.1 编辑多段线

如果需要修改多段线,可以使用【编辑多段线】命令,常用以下 3 种方法。

(1) 从菜单栏中选择【修改】|【对象】|【编辑多段线】命令。
(2) 单击绘图工具栏中的 按钮。
(3) 在命令行窗口中输入 pedit 或 pe 并按 Enter 键。

使用【编辑多段线】命令后,响应系统提示,选择一条多段线,命令行提示如下。

输入选项 [闭合(C)/合并(J)/宽度(W)/编辑顶点(E)/拟合(F)/样条曲线(S)/非曲线化(D)/线型生成(L)/放弃(U)]:

该命令行提示的各选项功能如下。

(1)【闭合(C)】:用于将选取的非闭合多段线的第一条线段和最后一条线段的顶点连接起来,绘制一条封闭的多段线,如图 4-34 所示。

图 4-34 多段线闭合

(2)【合并(J)】:用于将直线段、圆弧或者多段线连接到指定的非闭合多段线上,如图 4-35 所示。选择该选项时,要连接的各相邻对象必须在形式上彼此首尾相连。

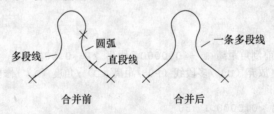

图 4-35 合并多段线

(3)【宽度(W)】:用于为整个多段线指定新的统一宽度。
(4)【编辑顶点(E)】:用于逐个编辑多段线的各个顶点。该选项只能对单个的多段线进行操作。

在编辑多段线的顶点时,系统将在屏幕上使用小叉标记出多段线的当前编辑点,命令输入顶点编辑选项[下一个（N）/上一个（P）/打断（B）/插入（I）/移动（M）/重生成（R）/拉直（S）/切向（T）/宽度（W）/退出（X）] <N>：

该命令行提示的各选项功能如下。

① 【下一个（N）】：用于移动编辑标记"×"到多段线的下一个顶点。
② 【上一个（P）】：用于移动编辑标记"×"到多段线的上一个顶点。
③ 【打断（B）】：用于删除多段线上指定的两个顶点之间的任何线段和顶点。
④ 【插入（I）】：用于在选取多段线顶点后插入一个新的顶点。
⑤ 【移动（M）】：用于将当前的编辑顶点移动到新位置。
⑥ 【重生成（R）】：用于重新生成多段线对象，但不退出 pedit 命令。
⑦ 【拉直（S）】：用于拉直多段线中位于指定两个顶点之间的线段。
⑧ 【切向（T）】：用于改变当前所编辑顶点的切线方向。选择该选项时，可以直接输入表示切线方向的角度值，也可以确定一点，之后系统将以多段线上的当前点与该点的连线方向作为切线方向。
⑨ 【宽度（W）】：用于修改选取的两个顶点之间线段的宽度。
⑩ 【退出（X）】：用于退出【编辑顶点】模式。

(5) 【拟合（F）】：用于在多段线的各顶点间建立圆滑曲线来绘制用圆弧拟合的多段线。

(6) 【样条曲线（S）】：用于绘制用样条曲线拟合的多段线。

(7) 【非曲线化（D）】：用于将多段线非曲线化。选择该选项时，将删除在执行拟合或样条曲线选项操作时插入的额外顶点，并拉直多段线的所有线段，同时保留多段线顶点的所有切线信息。

(8) 【线型生成（L）】：用于设置非连续线型多段线在各顶点处的绘线方式。

(9) 【放弃（U）】：用于取消 pedit 命令的上一次操作。

【例 4-23】 修改图 4-36 所示的多段线线宽。

执行命令过程如下。

命令：_pedit
选择多段线或 [多条（M）]：（选择修改前图形）
输入选项 [打开（O）/合并（J）/宽度（W）/编辑顶点（E）/拟合（F）/样条曲线（S）/非曲线化（D）/线型生成（L）/放弃（U）]：E
输入顶点编辑选项[下一个（N）/上一个（P）/打断（B）/插入（I）/移动（M）/重生成（R）/拉直（S）/切向（T）/宽度（W）/退出（X）] <N>：W
指定下一线段的起点宽度 <0.7000>：
指定下一线段的端点宽度 <0.7000>：40

图 4-36 修改前的多段线线宽

输入顶点编辑选项[下一个（N）/上一个（P）/打断（B）/插入（I）/移动（M）/重生成（R）/拉直（S）/切向（T）/宽度（W）/退出（X）] <N>: N

输入顶点编辑选项[下一个（N）/上一个（P）/打断（B）/插入（I）/移动（M）/重生成（R）/拉直（S）/切向（T）/宽度（W）/退出（X）] <N>: W

指定下一线段的起点宽度 <0.7000>: 40

指定下一线段的端点宽度 <40.0000>:

输入顶点编辑选项[下一个（N）/上一个（P）/打断（B）/插入（I）/移动（M）/重生成（R）/拉直（S）/切向（T）/宽度（W）/退出（X）] <N>: N

输入顶点编辑选项[下一个（N）/上一个（P）/打断（B）/插入（I）/移动（M）/重生成（R）/拉直（S）/切向（T）/宽度（W）/退出（X）] <N>: W

指定下一线段的起点宽度 <0.7000>: 40

指定下一线段的端点宽度 <40.0000>: 0.7

输入顶点编辑选项[下一个（N）/上一个（P）/打断（B）/插入（I）/移动（M）/重生成（R）/拉直（S）/切向（T）/宽度（W）/退出（X）] <N>: X

输入选项 [打开（O）/合并（J）/宽度（W）/编辑顶点（E）/拟合（F）/样条曲线（S）/非曲线化（D）/线型生成（L）/放弃（U）]: （按 ENTER 键）

修改结果如图 4-37 所示。

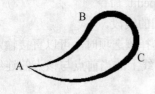

图 4-37 修改后的多段线线宽

4.9.2 编辑多线

如果需要修改两条或多条多线的交点及封口样式，可以使用【多线】命令，常用以下两种方法。

（1）从菜单栏中选择【修改】|【对象】|【多线】命令。

（2）在命令行窗口中输入 mledit 并按 Enter 键。

使用 mledit 命令后，系统将弹出【多线编辑工具】对话框，如图 4-38 所示。

该对话框中列出了 12 种多线的编辑方法。各种编辑方法的功能如下。

（1）【十字闭合】：用于在两条多线之间创建闭合的十字交点。

（2）【十字打开】：用于在两条多线之间创建打开的十字交点。

（3）【十字合并】：用于在两条多线之间创建合并的十字交点。

（4）【T 形闭合】：用于为两条相交的多线创建闭合的 T 形交点。

（5）【T 形打开】：用于为两条相交的多线创建打开的 T 形交点。

（6）【T 形合并】：用于为两条相交的多线创建合并的 T 形交点。

（7）【角点结合】：用于为两条相交的多线创建角点结合。选择该选项时，系统会自动将多线修剪或延伸到它们的交点处。

图 4-38 【多线编辑工具】对话框

（8）【添加顶点】：用于为选取的多线增加一个顶点。
（9）【删除顶点】：用于在选取的多线上删除一个顶点。
（10）【单个剪切】：用于在选定多线元素中创建可见打断。
（11）【全部剪切】：用于创建穿过整条多线的可见打断。
（12）【全部接合】：用于将已被剪切的多线重新接合使之连接起来成为一个独立的多线对象。

【例 4-24】 将图 4-39（a）所示的图形修改成图 4-39（b）所示的十字路口平面图。

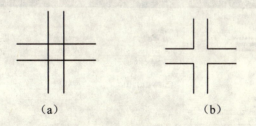

图 4-39 十字路口平面图

执行命令过程如下。

命令：_mledit
选择第一条多线：（单击图 4-39（a）中水平多线）
选择第二条多线：（单击图 4-39（a）中垂直多线）
选择第一条多线 或 [放弃(U)]：（按 Enter 键）

第 5 章 文本的使用

在绘制图样时，通常不仅要绘制图形，还要编写技术要求、施工要求、装配说明等内容对图形对象加以解释，为此 AutoCAD 提供了多种写入文本的方法。

5.1 设置文字样式

文字样式是用来控制文字基本形状的一组设置。AutoCAD 图形中的所有文字都具有与之相关联的文字样式，在默认情况下使用的文字样式为系统提供的"Standard"样式，用户根据绘图的要求可以修改或创建一种新的文字样式。

5.1.1 新建文字样式

如果要新建需要的文字样式，可以使用【文字样式】命令，常用以下 3 种方法。
（1）从菜单栏中选择【格式】|【文字样式】命令。
（2）单击文字工具栏中的 按钮。
（3）在命令行窗口中输入 style 或 st 并按 Enter 键。
使用【文字样式】命令后，系统弹出【文字样式】对话框，如图 5-1 所示。

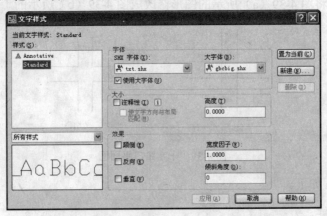

图 5-1 【文字样式】对话框

【文字样式】对话框中的各选项功能如下。

(1)【样式】列表框：用于列出已有的样式名或对已有样式名进行相关操作。
(2)【字体】选项组：用于设置文字样式使用的字体属性。在该选项组中有以下 3 个选项。
① 【SHX 字体】下拉列表框：用于选择已有字体。在 AutoCAD 中，除了它固有 SHX 字体外，还可以使用 TrueType 字体。
② 【大字体】下拉列表框：用于选择大字体文件。
③ 【使用大字体】复选框：用于选择字体。在默认情况下，此复选框处于选中状态；当不选中此复选框时，【大字体】下拉列表框将变为【字体样式】下拉列表框，用于选择字体格式，如粗体、斜体和常规等。
(3)【高度】文本框：用于设置文字的高度。如果将文字的高度设为 0，在使用 text 命令标注文字时，命令行将显示【指定高度：】提示，要求指定文字的高度；如果在【高度】文本框中输入非 0 的文字高度值，系统将按此高度标注文字，而不再提示文字高度。
(4)【效果】选项组：用于设置文字的显示效果。在该选项组中有以下 5 个选项。
① 【颠倒】复选框：用于设置是否将文字上下倒过来书写。
② 【反向】复选框：用于设置是否将文字水平反向书写。
③ 【垂直】复选框：用于设置是否将文字垂直书写，但此效果对汉字字体无效。
④ 【宽度因子】文本框：用于设置文字字符的高度和宽度之比。当宽度比例为 1 时，将按系统定义的高宽比书写文字；当宽度比例小于 1 时，字符会变窄；当宽度比例大于 1 时，字符会变宽。
⑤ 【倾斜角度】文本框：用于设置文字的倾斜角度。当角度为 0 时不倾斜；角度为正时向右倾斜；角度为负时向左倾斜。
(5)【新建】按钮：用于新建文字样式名。单击该按钮，系统弹出【新建文字样式】对话框，如图 5-2 所示。在此对话框中可以为新建的样式输入名字。
(6)【置为当前】按钮：用于将需要的文字样式置为当前。

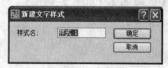

图 5-2 【新建文字样式】对话框

【例 5-1】 定义一个名称为"工程字 3.5"、字高为"3.5"的符合国家标准要求的文字样式。其操作步骤如下。
(1) 选择【格式】|【文字样式】命令，打开【文字样式】对话框。
(2) 单击【新建】按钮，打开【新建文字样式】对话框。在【样式名】文本框中输入"工程字 3.5"，然后单击【确定】按钮，返回到文字样式对话框。
(3) 在【SHX 字体】下拉列表框中选择 gbenor.shx；在【大字体】下拉列表框中选择 gbcbig.shx；在【高度】文本框中输入"3.5"，如图 5-3 所示。

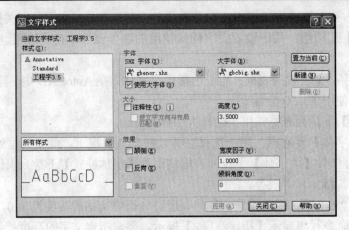

图 5-3　新建"工程字 3.5"文字样式

（4）单击【应用】按钮应用该文字样式，然后单击【关闭】按钮，关闭【文字样式】对话框，完成设置。

5.1.2　修改文字样式

1．重命名文字样式

如果需要重新命名文字样式，可按以下步骤进行操作。

（1）选择【格式】|【文字样式】命令，打开【文字样式】对话框。

（2）在【样式】列表框中选中需要重命名的样式，单击鼠标右键，在弹出的列表中选择【重命名】，如图 5-4 所示。

图 5-4　重命名文字样式

（3）输入要重命名文字样式的新名称。

2．删除文字样式

如果需要删除某一个文字样式，可按以下步骤进行操作。

（1）选择【格式】|【文字样式】命令，打开【文字样式】对话框。
（2）在【样式】列表框中选中要删除的文字样式（不可删除当前文字样式），单击【删除】按钮，系统弹出【警告】对话框，单击【确定】按钮，即可删除选中的文字样式，如图 5-5 所示。

图 5-5　删除文字样式

5.2　标注单行文本

单行文本是指 AutoCAD 将输入的每行文本作为一个对象来处理，主要用于创建一些不需要多种字体的简短对象。

1. 创建单行文本

在写入简单文本时，可以使用【单行文字】命令，常用以下 3 种方法。
（1）从菜单栏中选择【绘图】|【文字】|【单行文字】命令。
（2）单击文字工具栏中的 按钮。
（3）在命令行窗口中输入 text 或 dtext 并按 Eneer 键。
使用【单行文字】命令后，命令行提示如下：

指定文字的起点或 [对正（J）|样式（S）]：

该命令行提示的各选项功能如下。
（1）【指定文字的起点】：用于指定文字的插入点。
（2）【对正（J）】：用于控制文字的对齐方式。AutoCAD 为文字定义了 4 条定位线：顶线、中线、基线和底线，用于确定文字行的对齐位置。在默认情况下，通过指定单行文字行基线的起点位置创建文字,此时命令行提示如下。

　　输入选项 [对齐(A)/调整(F)/中心(C)/中间(M)/右(R)/左上(TL)/中上(TC)/右上(TR)/左中(ML)/正中(MC)/右中(MR)/左下(BL)/中下(BC)/右下(BR)]:

　　①【对齐(A)】:通过指定文字的起始点、结束点来设置文字的对齐方式。使用此选项时,文字将均匀地排列于起始点与结束点之间,文字的高度将按比例自动调整。

　　②【调整(F)】:通过指定文字起始点、结束点以及高度来设置文字的对齐方式。使用此选项时,文字将均匀地排列于起始点与结束点之间,而文字的高度不变。

　　③【中心(C)】:通过基线的水平中心对齐文字,此基线由用户给出的点指定。

　　④【中间(M)】:用于在基线的水平中点和指定高度的垂直中点上对齐文字。使用此选项时,中间对齐的文字不保持在基线上。

　　⑤【右(R)】:用于在指定的基线上右对正文字。

　　⑥【左上(TL)】:用于在指定为文字顶点的点上左对正文字。

　　⑦【中上(TC)】:用于在指定为文字顶点的点上居中对正文字(只适用于水平方向的文字)。

　　⑧【右上(TR)】:用于在指定为文字顶点的点上右对正文字(只适用于水平方向的文字)。

　　⑨【左中(ML)】:用于在指定为文字中间点的点上左对正文字(只适用于水平方向的文字)。

　　⑩【正中(MC)】:用于在文字的中央水平和垂直居中位置对正文字(只适用于水平方向的文字)。

　　⑪【右中(MR)】:用于在指定为文字中间点的点上右对正文字(只适用于水平方向的文字)。

　　⑫【左下(BL)】:用于在指定为文字底线的点上左对正文字(只适用于水平方向的文字)。

　　⑬【中下(BC)】:用于在指定为文字底线的点上居中对正文字(只适用于水平方向的文字)。

　　⑭【右下(BR)】:用于在指定为文字底线的点上右对正文字(只适用于水平方向的文字)。

　　各项基点的位置如图5-6所示。

　　(3)【样式(S)】:用于控制文字的样式。在命令行中输入"S"并按回车键,则在命令行中出现"输入样式名或[?]<Standard>:",此时输入所要使用的样式名称即可,或者输入符号"?",将列出当前图形所有的文字样式及其参数。

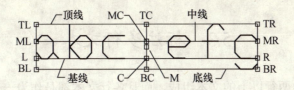

图 5-6 文字的对正方式

2. 输入特殊字符

在创建单行文本时,用户还可以在文本中输入特殊字符,如标注 Φ、± 等符号。这些特殊字符不能从键盘上直接输入,为此 AutoCAD 提供了相应的控制符,以实现这些标注要求。表 5-1 所示为 AutoCAD 常用的控制符。

表 5-1 AutoCAD 常用的控制符

控制符	功　能	输　入	效　果
%%o	上划线	%%o 制图	制图
%%u	下划线	%%u 制图	制图
%%d	度数符号(°)	45%%d	45°
%%p	公差符号(±)	100%%p0.03	100±0.03
%%c	直径符号(Φ)	%%c100	Φ100
%%%	百分号(%)	30%%%	30%

【例 5-2】 在 AutoCAD 中写入图 5-7 所示的文字。

AutoCAD2008工程制图应用教程

图 5-7 创建单行文字

执行命令过程如下。

```
命令:_dtext
当前文字样式:"工程字 3.5"  文字高度:3.5000  注释性:否
指定文字的起点或 [对正(J)/样式(S)]:(在绘图区内指定一点)
指定文字的旋转角度 <0>:(使用默认值,不旋转)
(在 ▮ 提示下输入"%%UAutoCAD2008%%U 工程制图应用教程",然后按两次回车键,结束命令)
```

5.3 标注多行文本

多行文本可以由两行以上的文本组成,而且各行文本都是作为一个整体处理。用户可以在多行文本中单独设置其中某个字符或某一部分文字的属性。通常用多行文字输入较长和较为复杂的内容。

1. 创建多行文本

在写入复杂文本时,可以使用【多行文字】命令,常用以下 3 种方法。

(1)从菜单栏中选择【绘图】|【文字】|【多行文字】命令。

(2)单击文字工具栏中的 A 按钮。

(3)在命令行窗口中输入 mtext 并按 Enter 键。

使用【多行文字】命令后,响应命令行提示,在绘图窗口中指定一个用来放置多行文本的矩形区域,此时系统将弹出【文字格式】对话框和文字输入窗口,如图 5-8 所示。利用它们可以设置多行文字的样式、字体及大小等属性并完成文字的录入。

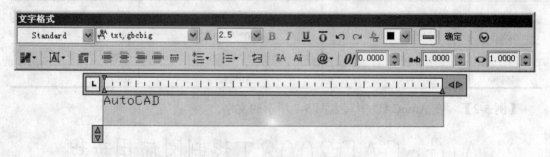

图 5-8 【文字格式】对话框和文字输入窗口

2. 输入特殊字符

在【文字格式】对话框中可以输入相应的特殊字符,操作步骤如下。

(1)单击【文字格式】对话框中的 @· 按钮,或者在文字输入窗口中单击鼠标右键,将弹出如图 5-9 所示的【符号】列表。

(2)在【符号】列表中可选择需要的特殊符号,如果不能找到需要的符号,可以选择【符号】列表中的【其他】选项,系统将弹出如图 5-10 所示的【字符映射表】对话框,其中包含了当前字体的整个字符集供用户选用。

 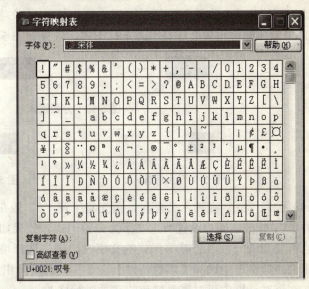

图 5-9 符号列表　　　　图 5-10 【字符映射表】对话框

【例 5-3】 在 AutoCAD 中写入图 5-11 所示的文字。

$$\emptyset 50\pm 0.03$$

图 5-11 特殊字符输入

操作步骤如下。

（1）单击文字工具栏中的 A 按钮，然后指定文字的输入位置，此时弹出【文字格式】对话框和文字输入窗口。

（2）在文字输入窗口中单击鼠标右键，将弹出快捷菜单，从中选择【直径】选项，此时文字输入窗口中显示 Φ，然后在其后输入"50"。

（3）单击【文字格式】对话框中的 @▾ 按钮，在弹出的下拉菜单里选择【正/负】选项，此时文字窗口显示"±"，然后在其后输入"0.03"。

（4）单击【确定】按钮完成输入。

3. 使用堆叠方式输入文字

（1）分数形式：在输入分数时，需先使用"/"或"#"连接分子与分母，然后将其与分子、分母都选中，再单击 ♣ 按钮即可显示为分数形式，效果如图 5-12 所示。

（2）上标形式：在输入上标时，需先将"^"放在文字之后，然后将其与文字都选中，再单击 ♣ 按钮即可设置所选文字为上标形式，效果如图 5-13 所示。

(3) 下标形式：在输入下标时，需先将"^"放在文字之前，然后将其与文字都选中，再单击 按钮即可设置所选文字为下标形式，效果如图 5-14 所示。

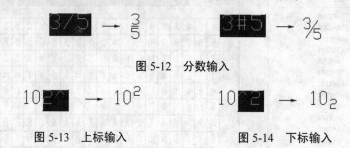

图 5-12　分数输入

图 5-13　上标输入　　　　　图 5-14　下标输入

(4) 公差形式：在输入公差时，需先将字符"^"放在文字之间，然后将其与文字都选中，并单击 按钮即可设置所选文字为公差形式，效果如图 5-15 所示。

当需要修改分数、公差等形式的文字时，需先选择堆叠的文字，然后单击鼠标右键，在弹出的快捷菜单中选择【堆叠特性】命令，此时将弹出【堆叠特性】对话框，如图 5-16 所示。在该对话框中可对需要修改的选项进行修改。

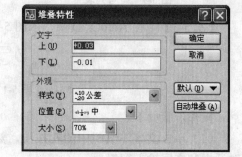

图 5-15　公差输入　　　　　图 5-16　【堆叠特性】对话框

4. 导入文字

在编辑文字时，AutoCAD 为用户提供了较大的灵活性，它允许用户从外部插入文字（只能是 TXT 或 RTF 格式的文本文件），其步骤如下。

(1) 单击文字工具栏中的 按钮，然后指定文字的输入位置，此时弹出【文字格式】对话框和文字输入窗口。

(2) 在文字输入窗口中单击鼠标右键，在弹出的快捷菜单中单击【输入文字】命令，打开【选择文件】对话框。

(3) 在该对话框中选择需要的文件，然后单击【打开】按钮，文件中的文字即可输入到文字输入窗口中。

5.4 修改文字

5.4.1 修改单行文字

1. 修改文字内容

如果要修改文字的内容，可以使用【编辑】命令，常用以下 3 种方法。
（1）选择【修改】|【对象】|【文字】|【编辑】命令。
（2）双击要修改的单行文字对象。
（3）单击文字工具栏中的 按钮。

使用【编辑】命令后，文字输入窗口中的文字处于被选中状态，此时在此窗口中修改文字内容，完成后按回车键即可完成对文字内容的修改。

2. 修改文字大小

修改文字大小的操作步骤如下。
（1）选择【修改】|【对象】|【文字】|【比例】命令，或单击文字工具栏中的 按钮，此时光标将变为拾取框。
（2）用拾取框选择要修改的文字对象。
（3）指定文字的新基点，然后输入数值进行缩放（输入数值比默认值小为缩小文字，反之为放大文字）。

3. 修改文字对正方式

修改文字对正方式的操作步骤如下。
（1）选择【修改】|【对象】|【文字】|【对正】命令，或单击文字工具栏中的 按钮，此时光标将变为拾取框。
（2）用拾取框选择要修改的文字对象。
（3）选择需要的对正方式。

5.4.2 修改多行文字

如果需要修改多行文字，可以使用【编辑】命令，常用以下 3 种方法。
（1）选择【修改】|【对象】|【文字】|【编辑】命令。
（2）单击文字工具栏中的 按钮。
（3）双击要修改的多行文字对象。

使用【编辑】命令后，系统将弹出【文字格式】对话框和文字输入窗口，此时可在文字输入窗口内对文字的内容、字体、大小、样式及颜色等进行修改。

第 6 章 尺 寸 标 注

在绘制图样时，通常不仅要绘制图形，还要在图形中标注尺寸。AutoCAD 提供了方便、准确的尺寸标注功能。

6.1 设置尺寸标注样式

在 AutoCAD 中，使用尺寸标注样式可以控制标注尺寸的格式和外观，建立国标规定的尺寸标注规范。在默认情况下使用的尺寸标注样式为系统提供的"ISO-25"样式，用户可根据需要新建或修改尺寸标注样式。

6.1.1 创建尺寸标注样式

如果需要新建一种新的尺寸标注样式，可以使用【标注样式】命令，常用以下 3 种方法。
（1）从菜单栏中选择【格式】|【标注样式】命令。
（2）单击样式工具栏中的 按钮。
（3）在命令行窗口中输入 dimstyle 并按 Enter 键。
使用【标注样式】命令后，系统弹出【标注样式管理器】对话框，如图 6-1 所示。

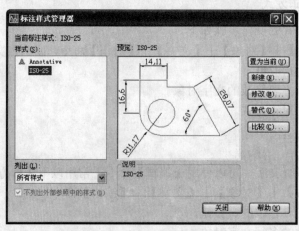

图 6-1 【标注样式管理器】对话框

【标注样式管理器】对话框中的各选项功能如下。

(1)【样式】列表框：用于显示已经建立的所有或者正在使用的标注样式名。

(2)【预览】区域：用于显示所选择或所设置的尺寸标注样式的标注效果。

(3)【置为当前】按钮：用于将【样式】列表框中选中的样式设置为当前样式。

(4)【新建】按钮：用于定义一个新的尺寸标注样式。单击该按钮，将弹出【创建新标注样式】对话框，如图6-2所示。

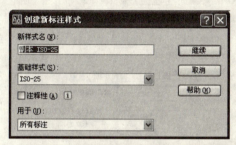

图6-2 【创建新标注样式】对话框

①【新样式名】文本框：用于输入新的样式名称。

②【基础样式】下拉列表框：用于选择新的标注样式是基于哪一种标注样式创建的。

③【用于】下拉列表框：用于选择标注的应用范围，如所有标注、半径标注、角度标注等。

④【继续】按钮：用于对尺寸标注样式进行详细设置。单击该按钮，将弹出【新建标注样式】对话框，其中包括7个选项卡供用户来进行设置。

(5)【修改】按钮：用于修改一个已存在的尺寸标注样式。单击该按钮，将弹出【修改标注样式】对话框。该对话框中的各选项与【新建标注样式】对话框中各选项完全相同，用户可在对话框中对已有标注样式进行修改。

(6)【替代】按钮：用于设置临时覆盖尺寸标注样式。单击该按钮，将弹出【替代当前样式】对话框。该对话框中的各选项与【新建标注样式】对话框中各选项完全相同，用户可改变选项的设置来覆盖原来的设置，但这种修改只对指定的尺寸标注起作用，而不影响当前尺寸变量的设置。

(7)【比较】按钮：用于比较两个尺寸标注样式在参数上的区别或浏览一个尺寸标注样式的参数设置。单击该按钮，将弹出【比较标注样式】对话框。在该对话框中将列出所选择的两种标注样式的区别。

6.1.2 设置线样式

在【新建标注样式】对话框中有7个选项卡用来设置尺寸标注的样式，应用【线】选项卡，可以对尺寸线和尺寸界线进行设置，如图6-3所示。

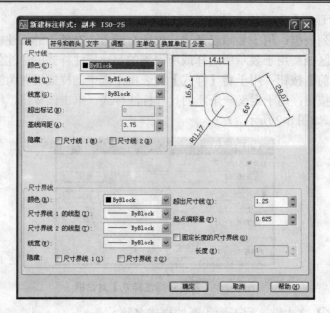

图 6-3 【新建标注样式】对话框

1. 【尺寸线】选项组

【尺寸线】选项组可用于设置尺寸线的特性。其各选项的功能如下。

（1）【颜色】下拉列表框：用于设置尺寸线的颜色。

（2）【线型】下拉列表框：用于设置尺寸线的线型。

（3）【线宽】下拉列表框：用于设置尺寸线的宽度。

（4）【超出标记】文本框：当尺寸线的箭头采用倾斜、建筑标记、小点、积分或无标记等样式时，用于指定尺寸线超出尺寸界线的距离。

（5）【基线间距】文本框：用于设置以基线方式标注尺寸时尺寸线与尺寸线之间的距离。

（6）【隐藏】选项：用于控制尺寸线两端的可见性，可通过选择【尺寸线 1】和【尺寸线 2】两个复选框来控制。

2. 【尺寸界线】选项组

【尺寸界线】选项组可用于设置尺寸界线的特性。其各选项的功能如下。

（1）【颜色】下拉列表框：用于设置尺寸界线的颜色。

（2）【尺寸界线 1 的线型】下拉列表框：用于设置第一条尺寸界线的线型。

（3）【尺寸界线 2 的线型】下拉列表框：用于设置第二条尺寸界线的线型。

（4）【线宽】下拉列表框：用于设置尺寸界线的宽度。

（5）【隐藏】选项：用于控制两条尺寸界线的可见性，可通过选择【尺寸界线1】和【尺寸界线2】两个复选框来控制。

（6）【超出尺寸线】文本框：用于设置尺寸界线超出尺寸线的距离。在工程图样绘制时，通常设为 2~3 mm。

（7）【起点偏移量】文本框：用于设置尺寸界线的起点与标注定义点的距离。

（8）【固定长度的尺寸界线】复选框：勾选该复选框，可以使用具有指定长度的尺寸界线标注图形，其具体数值可在【长度】文本框输入。

6.1.3 设置符号和箭头样式

在【新建标注样式】对话框中，使用【符号和箭头】选项卡，可以设置箭头、圆心标记、弧长符号和半径折弯标注的格式与位置，如图6-4所示。

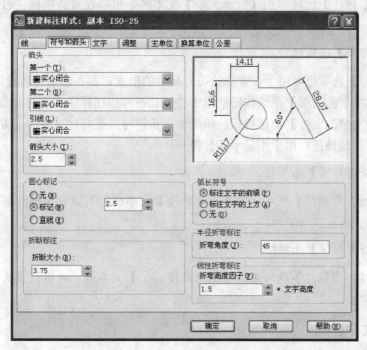

图6-4 【符号和箭头】选项卡

1.【箭头】选项组

【箭头】选项组可用于设置尺寸箭头的形式。其各选项的功能如下。

（1）【第一个】下拉列表框：用于设置第一个尺寸箭头的形式。

(2)【第二个】下拉列表框：用于设置第二个尺寸箭头的形式，可与第一个箭头不同。

(3)【引线】下拉列表框：用于设置引线标注时箭头的形式。

(4)【箭头大小】文本框：用于设置箭头的大小。

2.【圆心标记】选项组

【圆心标记】选项组可用于设置圆或圆弧的圆心标记形式。其各选项的功能如下。

(1)【无】单选按钮：选中按按钮，在圆心位置既不产生中心标记，也不产生中心线。

(2)【标记】单选按钮：选中按按钮，在圆心位置标记一个记号。记号的大小可在【标记】单选按钮右边的文本框中进行设置。

(3)【直线】单选按钮：选中按按钮，圆心位置标记采用中心线的形式。

3.【折断标注】选项组

通过【折断标注】选项组的【折断大小】文本框，可以设置折断标注时标注线的长度大小。

4.【弧长符号】选项组

【弧长符号】选项组可用于设置弧长符号显示的位置。其各选项的功能如下。

(1)【标注文字的前缀】单选按钮：用于将弧长符号放在标注文字的前面。

(2)【标注文字的上方】单选按钮：用于将弧长符号放在标注文字的上方。

(3)【无】单选按钮：用于不显示弧长符号。

5.【半径折弯标注】选项组

通过【半径折弯标注】选项组的【折弯角度】文本框，可以设置标注圆弧半径时标注线的折弯角度大小。

6.【线性折弯标注】选项组

通过【线性折弯标注】选项组的【折弯高度因子】文本框，可以设置折弯标注打断时折弯线的高度大小。

6.1.4 设置文字样式

在【新建标注样式】对话框中，使用【文字】选项卡，可以设置标注文字的外观、位置和对齐方式，如图 6-5 所示。

第 6 章 尺寸标注

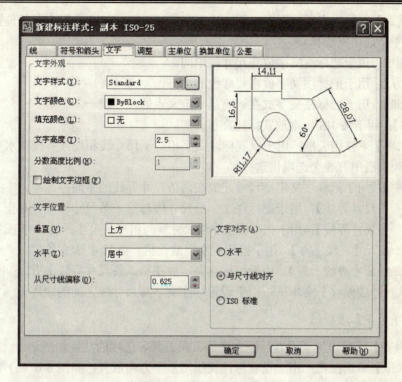

图 6-5 【文字】选项卡

1. 【文字外观】选项组

【文字外观】选项组用于设置标注文字的格式和大小。其各选项的功能如下。
（1）【文字样式】下拉列表框：用于选择标注文字所使用的文字样式。
（2）【文字颜色】下拉列表框：用于设置标注文字的颜色。
（3）【填充颜色】下拉列表框：用于设置标注文字的背景色。
（4）【文字高度】文本框：用于设置标注文字的高度。如果在当前使用的文字样式中设置了文字高度，则此项输入的数值无效。
（5）【分数高度比例】文本框：用于设置标注文字中的分数相对于其他标注文字的比例。AutoCAD 将该比例值与标注文字高度的乘积作为分数的高度。此文本框只有在选择支持分数的标注格式时，才可进行设置。
（6）【绘制文字边框】复选框：用于设置是否给标注文字添加一个矩形边框。

2. 【文字位置】选项组

【文字位置】选项组可用于设置标注文字的位置。其各选项的功能如下。

（1）【垂直】下拉列表框：用于设置标注文字相对于尺寸线在垂直方向的位置。此下拉列表框中有 4 个选项供选择。

① 【置中】：用于把标注文字放在尺寸线中间。

② 【上方】：用于把标注文字放在尺寸线的上方。

③ 【外部】：用于把标注文字放在远离第一定义点的尺寸线一侧。

④ 【JIS】：用于按 JIS 规则放置标注文字。

（2）【水平】下拉列表框：用于设置标注文字相对于尺寸线和尺寸界线在水平方向的位置。此下拉列表框中有 5 个选项供选择。

① 【置中】：用于把标注文字沿尺寸线放在两条尺寸界线的中间。

② 【第一条尺寸界线】：用于把标注文字沿尺寸线与第一条尺寸界线左对正。

③ 【第二条尺寸界线】：用于把标注文字沿尺寸线与第二条尺寸界线右对正。

④ 【第一条尺寸界线上方】：用于把标注文字放在第一条尺寸界线上方。

⑤ 【第二条尺寸界线上方】：用于把标注文字放在第二条尺寸界线上方。

（3）【从尺寸线偏移】文本框：用于设置标注文字与尺寸线之间的距离。

3. 【文字对齐】选项组

【文字对齐】选项组用于设置标注文字的方向。其各选项的功能如下。

（1）【水平】单选按钮：用于设置标注文字沿水平方向放置，如图 6-6（a）所示。

（2）【与尺寸线对齐】单选按钮：用于设置标注文字沿尺寸线方向放置，如图 6-6（b）所示。

（3）【ISO 标准】单选按钮：选中该按钮，当标注文字在尺寸界线之间时，将沿尺寸线方向放置文字；当在尺寸界线之外时，将沿水平方向放置文字，如图 6-6（c）所示。

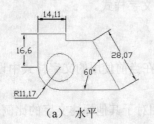　　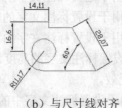　　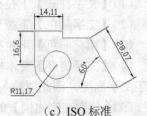

（a）水平　　　　　　　（b）与尺寸线对齐　　　　　　（c）ISO 标准

图 6-6　文字的对齐方式

6.1.5　设置调整样式

在【新建标注样式】对话框中，使用【调整】选项卡，可以设置标注文字、箭头、尺寸界线之间的位置关系，如图 6-7 所示。

第 6 章 尺寸标注

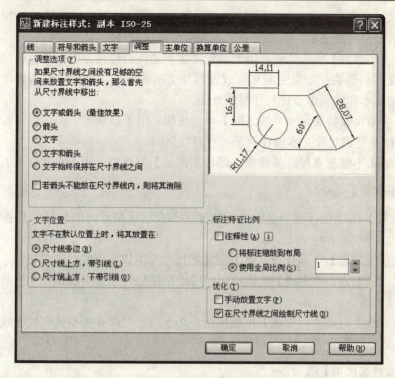

图 6-7 【调整】选项卡

1. 【调整选项】选项组

【调整选项】选项组可用于设置文字、箭头、尺寸界线之间的相对位置。其各选项的功能如下。

(1)【文字或箭头（最佳效果）】单选按钮：用于设置文字或箭头的位置。选中该按钮，可按以下方式放置尺寸文本和箭头：如果空间允许放置尺寸文本和箭头，则把它们都放在两尺寸界线之间；如果两尺寸界线之间只够放置尺寸文本，则把文本放在尺寸界线之间，而把箭头放在尺寸界线的外边；如果只够放置箭头，则把箭头放在里边，文本放在外边；如果两尺寸界线之间既放不下尺寸文本也放不下箭头，则把二者均放在外边。

(2)【箭头】单选按钮：用于设置箭头的位置。选中该按钮，可按以下方式放置尺寸文本和箭头：如果空间允许放置尺寸文本和箭头，则把它们都放在两尺寸界线之间；如果空间只够放置箭头，则把箭头放在尺寸界线之间，把尺寸文本放在外边；如果尺寸界线之间的空间放不下箭头，则把箭头和尺寸文本均放在外边。

(3)【文字】单选按钮：用于设置文字的位置。选中该按钮，可按以下方式放置尺寸文本和箭头：如果空间允许放置尺寸文本和箭头，则把它们都放在两尺寸界线之间；如果空间只够放置尺寸文本,则把尺寸文本放在尺寸界线之间,把箭头放在外边;如果尺寸界线之间的空间放不下尺寸文本,则把尺寸文本和箭头都放在外面。

(4)【文字和箭头】单选按钮:用于设置文字和箭头的位置。选中该按钮,可按以下方式放置尺寸文本和箭头:如果空间允许放置尺寸文本和箭头,则把它们都放在两尺寸线之间;否则把文本和箭头都放在尺寸界线外面。

(5)【文字始终保持在尺寸界线之间】单选按钮:用于设置文字的固定位置。选中该按钮,AutoCAD 总是把尺寸文本放在两条尺寸界线之间。

(6)【若箭头不能放在尺寸界线内,则将其消除】复选框:用于设置何时省略箭头。

2.【文字位置】选项组

【文字位置】选项组可用于设置当标注文字不在默认位置时的位置。其各选项的功能如下。

(1)【尺寸线旁边】单选按钮:用于指定把尺寸文本放在尺寸线的旁边。

(2)【尺寸线上方,带引线】单选按钮:用于指定把尺寸文本放在尺寸线的上方,并用引线与尺寸线相连。

(3)【尺寸线上方,不带引线】单选按钮:用于指定把尺寸文本放在尺寸线的上方,中间无引线。

3.【标注特征比例】选项组

【标注特征比例】选项组可用于设置标注尺寸的特征比例。其各选项的功能如下。

(1)【使用全局比例】单选按钮:用于设置尺寸的整体比例系数。该比例系数可在其后面的文本框中输入。

(2)【将标注缩放到布局】单选按钮:用于设置图纸空间内的尺寸比例系数。

(3)【注释性】复选框:勾选该复选框,则指定标注为 annotative。

4.【优化】选项组

【优化】选项组可用于设置附加的尺寸文本布置选项。其各选项的功能如下。

(1)【手动放置文字】复选框:用于由用户确定尺寸文本的放置位置。

(2)【在尺寸界线之间绘制尺寸线】复选框:勾选该复选框,则不论尺寸文本在尺寸界线内部还是外面,均在两尺寸界线之间绘出一尺寸线。

6.1.6 设置主单位样式

在【新建标注样式】对话框中,使用【主单位】选项卡,可以设置尺寸标注的主单位和精度,以及给尺寸文本添加固定的前缀或后缀,如图 6-8 所示。

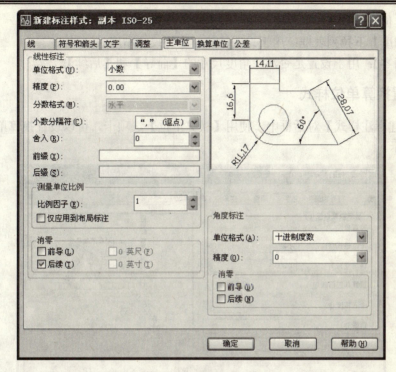

图 6-8 【主单位】选项卡

1. 【线性标注】选项组

【线性标注】选项组可用于设置线性标注时采用的单位格式和精度。其各选项的功能如下。

（1）【单位格式】下拉列表框：用于设置标注尺寸时使用的单位制（角度型尺寸除外）。

（2）【精度】下拉列表框：用于设置标注文字中的小数位数。

（3）【分数格式】下拉列表框：当单位格式是分数时，用于设置分数格式。

（4）【小数分隔符】下拉列表框：用于设置小数的分隔符。

（5）【舍入】文本框：用于设置除角度标注外的尺寸测量值的舍入值。

（6）【前缀】文本框：用于设置标注文字的前缀。

（7）【后缀】文本框：用于设置标注文字的后缀。

（8）【比例因子】文本框：用于设置自动测量尺寸时的比例因子。

（9）【消零】：用于设置是否显示尺寸标注中的【前导】和【后续】。

2. 【角度标注】选项组

【角度标注】选项组可用于设置标注角度时采用的角度单位。其各选项的功能如下。

(1)【单位格式】下拉列表框：用于设置角度单位制。

(2)【精度】下拉列表框：用于设置标注角度的尺寸精度。

(3)【消零】：用于设置是否消除角度尺寸的【前导】和【后续】。

6.1.7 设置换算单位样式

在【新建标注样式】对话框中，使用【换算单位】选项卡，可以设置换算单位的格式，如图 6-9 所示。

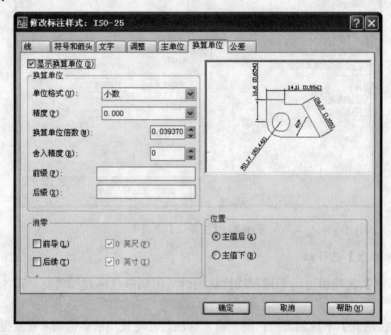

图 6-9 【换算单位】选项卡

1．【显示换算单位】复选框

勾选该复选框，对话框的其他选项才可用，换算单位的尺寸值也同时显示在尺寸文本上。

2．【换算单位】选项组

【换算单位】选项组可用于设置换算单位。其各选项的功能如下。

(1)【单位格式】下拉列表框：用于设置换算单位使用的单位制。

(2)【精度】下拉列表框：用于设置换算单位的精度。

(3)【换算单位倍数】文本框：用于指定主单位和换算单位的换算系数。

(4)【舍入精度】文本框：用于设置换算单位的舍入值。

(5)【前缀】文本框：用于设置换算单位的前缀。

(6)【后缀】文本框：用于设置换算单位的后缀。

3.【消零】选项组

【消零】选项组可用于设置是否消除尺寸中的【前导】和【后续】。

4.【位置】选项组

【位置】选项组可用于设置换算单位尺寸标注的位置。其各选项的功能如下。

(1)【主值后】单选按钮：用于把换算单位尺寸标注放在主单位标注的后边。

(2)【主值下】单选按钮：用于把换算单位尺寸标注放在主单位标注的下边。

6.1.8 设置公差样式

在【新建标注样式】对话框中，使用【公差】选项卡，可以确定标注公差的形式，如图 6-10 所示。

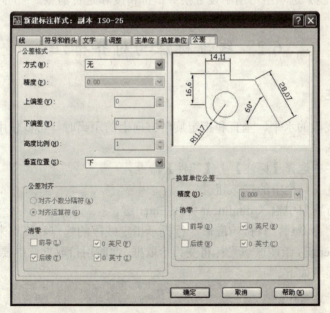

图 6-10 【公差】选项卡

1.【公差格式】选项组

【公差格式】选项组可用于设置标注公差的形式。其各选项的功能如下。

（1）【方式】下拉列表框：用于设置以何种形式标注公差，有【无】、【对称】、【极限偏差】、【极限尺寸】和【基本尺寸】5 种形式供选择。各标注公差形式如图 6-11 所示。

图 6-11 公差标注格式

（2）【精度】下拉列表框：用于设置公差标注的精度。
（3）【上偏差】文本框：用于设置尺寸的上偏差，系统自动在尺寸数字前加"+"号。
（4）【下偏差】文本框：用于设置尺寸的下偏差，系统自动在尺寸数字前加"-"号。
（5）【高度比例】文本框：用于设置公差文本的高度比例。
（6）【垂直位置】下拉列表框：用于设置公差文字相对于尺寸文字的位置。

2. 【换算单位公差】选项组

【换算单位公差】选项组可用于设置换算单位精度和是否消零。

6.2 线性标注与对齐标注

6.2.1 线性标注

当需要标注线段的水平、垂直和指定旋转方向上的距离时，可以使用【线性】命令，常用以下 3 种方法。

（1）从菜单栏中选择【标注】|【线性】命令。
（2）单击标注工具栏中的 按钮。
（3）在命令行窗口中输入 dimlinear 并按 Enter 键。

使用【线性】命令后，直接响应命令行提示指定线段的起点和终点来标出线性尺寸；也可以直接按 Enter 键，绘图区域光标将变为拾取框，此时用拾取框选中要标注尺寸的线段，之后命令行继续提示如下。

指定尺寸线位置或[多行文字（M）/文字（T）/角度（A）/水平（H）/垂直（V）/旋转（R）]：

该命令行提示的各选项功能如下。
（1）【指定尺寸线位置】：用于控制尺寸线与所标注线段之间的距离。
（2）【多行文字（M）】：用于以多行文字形式输入尺寸文本。
（3）【文字（T）】：用于以单行文字形式输入尺寸文本。

（4）【角度（A）】：用于确定所标注文字的倾斜角度。
（5）【水平（H）】：用于确定尺寸线的位置总是处于水平方向。
（6）【垂直（V）】：用于确定尺寸线的位置总是处于垂直方向。
（7）【旋转（R）】：用于控制尺寸线的旋转角度。

【例 6-1】 标注如图 6-12 所示矩形的长度。

执行命令过程如下。

命令：_dimlinear
指定第一条尺寸界线原点或 <选择对象>：（捕捉矩形左下角点）
指定第二条尺寸界线原点：（捕捉矩形右下角点）
指定尺寸线位置或
[多行文字（M）/文字（T）/角度（A）/水平（H）/垂直（V）/旋转（R）]：（指定尺寸线的位置）
标注文字 = 30

矩形长度标注结果如图 6-13 所示。

图 6-12　矩形　　　　　图 6-13　矩形长度标注

6.2.2　对齐标注

当需要标注倾斜角度未知的线段的长度时，可以使用【对齐】命令，常用以下 3 种方法。
（1）从菜单栏中选择【标注】|【对齐】命令。
（2）单击标注工具栏中的按钮。
（3）在命令行窗口中输入 dimaligned 并按 Enter 键。

【对齐】命令的使用方法和【线性】命令相同。用此命令标注时，尺寸线和所标注线段平行。

【例 6-2】 标注如图 6-14 所示线段的长度。

执行命令过程如下。

命令：_dimaligned
指定第一条尺寸界线原点或 <选择对象>：（回车）
选择标注对象：（选择线段）
指定尺寸线位置或
[多行文字（M）/文字（T）/角度（A）]：（指定尺寸线的位置）
标注文字= 30

线段长度标注结果如图 6-15 所示。

图 6-14 线段　　　　　　　　　图 6-15 线段长度标注

6.3 弧长标注、径向标注与角度标注

6.3.1 弧长标注

当需要标注圆弧线段或多段线圆弧线段部分的弧长时，可以使用【弧长】命令，常用以下 3 种方法。

（1）从菜单栏中选择【标注】|【弧长】命令。
（2）单击标注工具栏中的 按钮。
（3）在命令行窗口中输入 dimarc 并按 Enter 键。

使用【弧长】命令后，绘图区域光标将变为拾取框，此时用拾取框拾取圆弧对象，命令行提示如下。

指定弧长标注位置或 [多行文字(M)/文字(T)/角度(A)/部分(P)/引线(L)]：

该命令行提示的各选项功能如下。

（1）【指定弧长标注位置】：用于控制尺寸线与所标注线段之间的距离，则系统将按实际测量值标注出圆弧的长度，如图 6-16（a）所示。
（2）【多行文字（M）】、【文字（T）】和【角度（A）】：此 3 个选项，其功能和【线性标注】命令下的选项功能相同。
（3）【部分（P）】：用于标注选定圆弧某一部分的弧长，如图 6-16（b）所示

（a）　　　　　　　　　（b）

图 6-16 弧长标注

6.3.2 径向标注

1. 半径标注

当需要标注圆或圆弧的半径时,可以使用【半径】命令,常用以下 3 种方法。

(1) 从菜单栏中选择【标注】|【半径】命令。

(2) 单击标注工具栏中的 按钮。

(3) 在命令行窗口中输入 dimradius 并按 Enter 键。

使用【半径】命令后,绘图区域光标将变为拾取框,此时用拾取框拾取圆或圆弧对象,然后移动鼠标指定尺寸线的位置即可标注出圆或圆弧的半径,如图 6-17 所示。

图 6-17 半径标注

2. 折弯标注

图 6-18 折弯标注

当需要使用折弯的尺寸线来标注圆或圆弧的半径时,可以使用【折弯】命令,常用以下 3 种方法。

(1) 从菜单栏中选择【标注】|【折弯】命令。

(2) 单击标注工具栏中的 按钮。

(3) 在命令行窗口中输入 dimjogged 并按 Enter 键。

使用【折弯】命令后,绘图区域光标将变为拾取框,此时用拾取框拾取圆或圆弧对象,然后移动鼠标指定新中心点位置、尺寸线位置和折弯点位置即可完成折弯标注,如图 6-18 所示。

3. 直径标注

当需要标注圆或圆弧的直径时,可以使用【直径】命令,常用以下 3 种方法。

(1) 从菜单栏中选择【标注】|【直径】命令。

(2) 单击标注工具栏中的 按钮。

(3) 在命令行窗口中输入 dimdiameter 并按 Enter 键。

使用【直径】命令后,绘图区域光标将变为拾取框,此时用拾取框拾取圆或圆弧对象,然后移动鼠标指定尺寸线的位置即可完成直径标注,如图 6-19 所示。

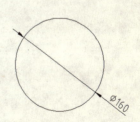

图 6-19 直径标注

4. 圆心标注

当需要标注圆或圆弧的圆心位置时,可以使用【圆心标记】命令,常用以下 3 种方法。

图 6-20　圆心标记

（1）从菜单栏中选择【标注】|【圆心标记】命令。
（2）单击标注工具栏中的 ⊙ 按钮。
（3）在命令行窗口中输入 dimcenter 并按 Enter 键。

使用【圆心标记】命令后，绘图区域光标将变为拾取框，此时用拾取框拾取圆或圆弧对象，则在此圆或圆弧的圆心位置出现圆心标记，如图 6-20 所示。

6.3.3　角度标注

当需要标注圆或圆弧的角度、两条非平行直线间的角度或者三点之间的角度时，可以使用【角度】命令，常用以下 3 种方法。

（1）从菜单栏中选择【标注】|【角度】命令。
（2）单击标注工具栏中的 △ 按钮。
（3）在命令行窗口中输入 dimangular 并按 Enter 键。

使用【角度】命令后，命令行提示如下。

选择圆弧、圆、直线或 <指定顶点>：

该命令行提示的各选项功能如下。

（1）【选择圆弧】：用于选择圆弧对象。使用该选项，系统则自动生成角度标注，此时只需移动鼠标确定尺寸线的位置即可，如图 6-21（a）所示。

（2）【选择圆】：用于选择圆对象。使用该选项，系统则先确定角度的起点位置，然后确定角度的第二端点，就可在圆上测量出角度的大小。此时标注的角度将以圆心为角度的顶点，以通过所选择的两个点为尺寸界线，如图 6-21（b）所示。

（a）圆弧角度标注　　　　　（b）圆上角度标注

图 6-21　角度标注（一）

（3）【选择直线】：用于选择两条直线对象。使用该选项，系统则将两条直线作为角的边，直线的交点作为角度的顶点来确定角度，此时拖动鼠标可以在此顶点的不同位置标注出角度大小，如图 6-22 所示。

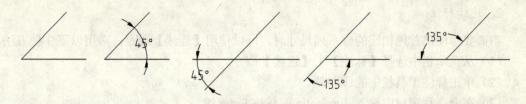

图 6-22 角度标注（二）

（4）【指定顶点】：用于指定标注角度的顶点。使用该选项，需先确定角的顶点，然后分别指定角的两个端点，最后指定标注弧线的位置即可标注出角度的大小，如图 6-23 所示。

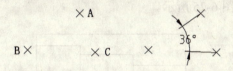

图 6-23 角度标注（三）

6.4 基线标注与连续标注

1．基线标注

当需要创建由同一点出发的一系列尺寸标注时，可以使用【基线】命令，常用以下 3 种方法。

（1）从菜单栏中选择【标注】|【基线】命令.
（2）单击标注工具栏中的 按钮。
（3）在命令行窗口中输入 dimbaseline 并按 Enter 键。

使用【基线】命令前，需先创建一个尺寸标注，然后使用该命令后，可以直接拾取标注对象上的点，从已有的尺寸标注的起点出发建立新的尺寸标注；或者直接按 Enter 键，绘图区域光标将变为拾取框，此时用拾取框拾取某条尺寸界线作为建立新尺寸标注的基准线，从而标注出由同一点出发的一系列尺寸，如图 6-24 所示。

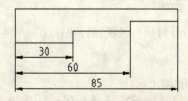

图 6-24 基线标注

2. 连续标注

当需要标注出首尾相连的一系列尺寸时,可以使用【连续】命令,常用以下 3 种方法。

(1) 从菜单栏中选择【标注】|【连续】命令。

(2) 单击标注工具栏中的 按钮。

(3) 在命令行窗口中输入 dimcontinue 并按 Enter 键。

使用【连续】命令前,需先创建一个尺寸标注,然后使用该命令后,可以直接拾取标注对象上的点,从已有的尺寸标注的终点出发建立新的尺寸标注;或者直接按 Enter 键,绘图区域光标将变为拾取框,此时用拾取框拾取某条尺寸界线作为建立新尺寸标注的起始线,从而标注出连续尺寸,如图 6-25 所示。

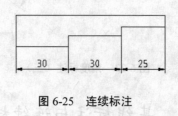

图 6-25 连续标注

6.5 快速标注与间距标注

6.5.1 快速标注

当需要快速地生成尺寸标注时,可以使用【快速标注】命令,常用以下三种方法。

(1) 从菜单栏中选择【标注】|【快速标注】命令。

(2) 单击标注工具栏中的 按钮。

(3) 在命令行窗口中输入 qdim 并按 Enter 键。

使用【快速标注】命令可以同时选择多个圆或圆弧标注直径或半径,也可以同时选择多个对象进行基线标注和连续标注。

使用【快速标注】命令后,绘图区域光标将变为拾取框,此时用拾取框拾取要进行快速标注的对象,然后命令行提示如下。

指定尺寸线位置或 [连续(C)/并列(S)/基线(B)/坐标(O)/半径(R)/直径(D)/基准点(P)/编辑(E)/设置(T)] <半径>:

该命令行提示的各选项功能如下。

(1)【指定尺寸线位置】:用于控制尺寸线与所标注线段之间的距离。使用该选项,系统则自动生成所选标注,此时只需移动鼠标确定尺寸线的位置即可。

(2)【连续（C）】：用于创建连续标注。
(3)【并列（S）】：用于创建一系列并列标注。
(4)【基线（B）】：用于创建一系列基线标注。
(5)【坐标（O）】：用于创建一系列坐标标注。
(6)【半径（R）】：用于创建一系列半径标注。
(7)【直径（D）】：用于创建一系列直径标注。
(8)【基准点（P）】：用于为基线标注和连续标注设置新的基准点。
(9)【编辑（E）】：用于对多个尺寸标注进行编辑。使用该选项，系统则允许对已存在的尺寸标注添加或删除标注点。
(10)【设置（T）】：用于设置关联标注优先级。

【例 6-3】 快速标注如图 6-26 所示图形的尺寸。

图 6-26　原图

执行命令过程如下。

命令：_qdim
关联标注优先级 = 端点
选择要标注的几何图形：找到 1 个
选择要标注的几何图形：找到 1 个，总计 2 个
选择要标注的几何图形：找到 1 个，总计 3 个
选择要标注的几何图形：（选择要标注的多个对象后回车）
指定尺寸线位置或 [连续（C）/并列（S）/基线（B）/坐标（O）/半径（R）/直径（D）/基准点（P）/编辑（E）/设置（T）] <连续>：（使用连续标注方式进行标注）
指定尺寸线位置或 [连续（C）/并列（S）/基线（B）/坐标（O）/半径（R）/直径（D）/基准点（P）/编辑（E）/设置（T）] <连续>：（完成水平方向快速标注）
命令：QDIM
关联标注优先级 = 端点
选择要标注的几何图形：找到 1 个
选择要标注的几何图形：找到 1 个，总计 2 个
选择要标注的几何图形：找到 1 个，总计 3 个
选择要标注的几何图形：（选择要标注的多个对象后按 Enter 键）
指定尺寸线位置或 [连续（C）/并列（S）/基线（B）/坐标（O）/半径（R）/直径（D）/基准点（P）/编辑（E）/设置（T）] <连续>：b（使用基线标注方式进行标注）

指定尺寸线位置或 [连续（C）/并列（S）/基线（B）/坐标（O）/半径（R）/直径（D）/基准点（P）/编辑（E）/设置（T）] <基线>：（完成垂直方向快速标注）

完成快速标注结果如图 6-27 所示。

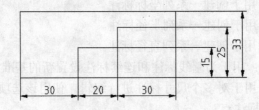

图 6-27 快速标注完成图

6.5.2 间距标注

当需要自动调整图形中现有平行的线性标注和角度标注，以使其间距相等或在尺寸线处相互对齐时，可以使用【标注间距】命令，常用以下 3 种方法。

（1）从菜单栏中选择【标注】|【标注间距】命令。

（2）单击标注工具栏中的 按钮。

（3）在命令行窗口中输入 dimspace 并按 Enter 键。

【标注间距】命令可以将重叠或间距不等的线性标注和角度标注隔开。使用该命令所选择的标注必须是线性标注或角度标注，而且必须属于同一类型（旋转或对齐标注）、相互平行或同心并且在彼此的尺寸延伸线上。此命令还可以通过使用间距值"0"来对齐线性标注和角度标注。

使用【标注间距】命令后，响应命令行提示先选择一个基准标注，然后选择要产生间距的标注（要产生间距的标注可以为多个），完成后按 Enter 键，此时命令行继续提示如下：

输入值或 [自动（A）] <自动>：

该命令行提示的各选项功能如下。

（1）【输入值】：用于指定从基准标注均匀隔开选定标注的间距值。

（2）【自动（A）】：用于自动计算间距值。

【例 6-4】 将图 6-28（a）所示图形的尺寸线间距调整为图 6-28（b）所示图形的尺寸线间距。

执行命令过程如下。

命令：_dimspace
选择基准标注：（选择标注 40）
选择要产生间距的标注：找到 1 个 （选择标注 60）

选择要产生间距的标注:找到 1 个,总计 2 个(选择标注 80)
选择要产生间距的标注:(按 Enter 键)
输入值或 [自动(A)] <自动>:(按 Enter 键,自动产生间距)

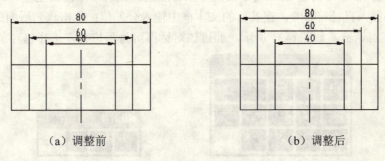

（a）调整前　　　　　　　　　　　　（b）调整后

图 6-28　调整间距标注

6.6　公差标注与一般引线标注

6.6.1　公差标注

当需要标注形位公差时,可以使用【公差】命令,常用以下 3 种方法。
(1) 从菜单栏中选择【标注】|【公差】命令。
(2) 单击标注工具栏中的 按钮。
(3) 在命令行窗口中输入 tolerance 并按 Enter 键。

使用【公差】命令后,系统弹出【形位公差】对话框,如图 6-29 所示。通过此对话框即可完成形位公差的设置。

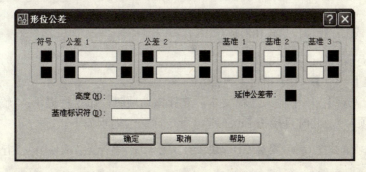

图 6-29　【形位公差】对话框

【形位公差】对话框中的各选项功能如下。

(1)【符号】：用于选择形位公差的项目符号。在选择项目符号时，单击该列的■框，打开【符号】对话框即可择几何特征符号，如图 6-30 所示。

(2)【公差 1】和【公差 2】：用于设置形位公差值。在设置形位公差值时，单击该列前面的■框，将插入直径符号 Φ，在其后的文本框中输入公差值；单击该列后面的■框，打开【附加符号】对话框，如图 6-31 所示。通过该对话框可为形位公差选择包容条件符号。

图 6-30　特征符号

图 6-31　附加符号

(3)【基准 1】、【基准 2】和【基准 3】：用于设置基准字母与相应的包容条件。

(4)【高度）】：用于设置投影公差带的值。

(5)【延伸公差带】：用于在延伸公差带值的后面插入延伸公差带符号。

(6)【基准标识符】：用于创建由参照字母组成的基准标识符号。

6.6.2　一般引线标注

当需要以引线形式标注尺寸时，可以使用一般引线标注，此时在命令行窗口中输入 leader 并按 Enter 键即可。在进行引线标注时，指引线可根据需要设置为折线或曲线，指引线可带箭头，也可不带箭头；注释文本可以是多行文本，也可以是形位公差或图块。

使用 leader 命令后，响应命令提示输入 2~3 个点确定引线的位置，然后命令行继续提示如下。

指定下一点或 [注释(A)/格式(F)/放弃(U)] <注释>：

该命令行提示的各选项功能如下。

(1)【指定下一点】：用于指定下一点。

(2)【注释（A）】：用于输入注释文本。选择该选项时，命令行提示："输入注释文字的第一行或 <选项>："，此时直接按 Enter 键，命令行继续提示如下。

输入注释选项 [公差（T）/副本（C）/块（B）/无（N）/多行文字（M）] <多行文字>：

①【公差（T）】：用于标注形位公差。

②【副本（C）】：用于把已由 leader 命令创建的注释复制到当前指引线的末端。

③【块（B）】：用于把已经定义好的图块插入到指引线的末端。

④【无(N)】：用于表示不进行注释，即没有注释文本。
⑤【多行文字(M)】：用于选择使用多行文本编辑器标注注释文本并定制文本格式。
(3)【格式(F)】：用于确定指引线的形式。选择该项时，命令行提示如下。

输入引线格式选项 [样条曲线(S)/直线(ST)/箭头(A)/无(N)] <退出>：

①【样条曲线(S)】：用于设置指引线为样条曲线。
②【直线(ST)/】：用于设置指引线为折线。
③【箭头(A)】：用于设置在指引线的起始位置画箭头。
④【无(N)】：用于设置在指引线的起始位置不画箭头。
⑤【<退出>】：用于返回到【注释】选项中。
(4)【放弃(U)】：用于放弃引线上的最后一个顶点。

【例6-5】 标注如图6-32所示圆柱的圆柱度公差，值为Φ0.005。

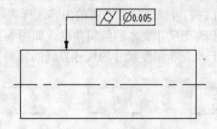

图6-32 圆柱度公差的标注

执行命令过程如下。

命令：leader
指定引线起点：_nea 到 (使用捕捉最近点指定指引线第一点)
指定下一点：(指定指引线转折点)
指定下一点或 [注释(A)/格式(F)/放弃(U)] <注释>：(指定指引线终点)
指定下一点或 [注释(A)/格式(F)/放弃(U)] <注释>：(按Enter键)
输入注释文字的第一行或 <选项>：(按Enter键)
输入注释选项 [公差(T)/副本(C)/块(B)/无(N)/多行文字(M)] <多行文字>：t
(使用公差注释，此时弹出【形位公差】对话框，在其中完成设置，单击【确定】结束命令。)

6.7 编辑尺寸标注

在AutoCAD中，可以对已标注对象文本的内容、位置等进行修改，而不必删除所标注的尺寸对象后再重新进行标注。

1. 编辑尺寸标注文本的内容

当需要修改已有尺寸标注文本的内容时,可以使用编辑标注命令,常用以下 3 种方法。

(1) 从菜单栏中选择【标注】|【对齐文字】|【默认】命令。

(2) 单击标注工具栏中的 按钮。

(3) 在命令行窗口中输入 dimedit 并按 Enter 键。

使用 dimedit 命令后,命令行提示如下:

输入标注编辑类型 [默认(H)/新建(N)/旋转(R)/倾斜(O)] <默认>:

该命令行提示的各选项功能如下。

(1)【默认(H)】:用于按尺寸标注样式中设置的位置和方向放置尺寸文本,如图 6-33 (a) 所示。

(2)【新建(N)】:用于修改尺寸文本。选择该选项时,系统弹出【文字格式】工具栏和多行文字输入窗口。通过它们可修改尺寸文本的内容、样式。

(3)【旋转(R)】:用于改变尺寸文本的倾斜角度,如图 6-33(b)所示。

(4)【倾斜(O)】:用于改变非角度尺寸的尺寸界线的倾斜角度,如图 6-33(c)所示。

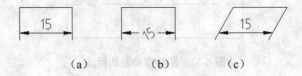

图 6-33 编辑尺寸标注文本的内容

2. 编辑尺寸标注文本的位置

当需要修改已有尺寸标注文本的位置时,可以使用编辑标注文字命令,常用以下 3 种方法。

(1) 从菜单栏中选择【标注】|【对齐文字】命令。

(2) 单击标注工具栏中的 按钮。

(3) 在命令行窗口中输入 dimtedit 并按 Enter 键。

使用 dimtedit 命令后,响应命令行提示选择标注,之后命令行继续提示如下。

指定标注文字的新位置或 [左(L)/右(R)/中心(C)/默认(H)/角度(A)]:

该命令行提示的各选项功能如下。

(1)【指定标注文字的新位置】:用于将尺寸文本放置到新位置,此时只需用鼠标拖动即可。

(2)【左(L)】:用于将尺寸文本沿尺寸线左对齐,如图 6-34(a)所示。
(3)【右(R)】:用于将尺寸文本沿尺寸线右对齐,如图 6-34(b)所示。

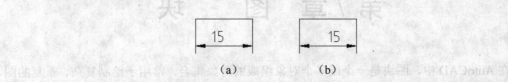

图 6-34 编辑尺寸标注文字的位置

(4)【中心(C)】:用于将尺寸文本放在尺寸线中间位置。
(5)【默认(H)】:用于将尺寸文本按默认位置放置。
(6)【角度(A)】:用于改变尺寸文本的倾斜角度。

第 7 章 图 块

在 AutoCAD 中，图块是一个或多个对象组成的对象集合，常用于绘制复杂、重复的图形。使用图块可以提高绘图速度、节省存储空间、便于修改图形。

7.1 创建与插入

如果图形中有大量相同或相似的内容，则可以把要重复绘制的图形创建成图块，然后在绘图时直接插入图块，这样能够提高绘图的效率。

7.1.1 图块的创建

1. 内部图块的创建

在 AutoCAD 中，把只能在当前图形文件中使用，而不能在其他图形文件中使用的块称为内部图块。创建内部图块，可以使用【创建块】命令，常用以下 3 种方法。

（1）从菜单栏中选择【绘图】|【块】|【创建块】命令。
（2）单击绘图工具栏中的 按钮。
（3）在命令行窗口中输入 block 或 b 并按 Enter 键。

使用【创建块】命令后，系统弹出【块定义】对话框，如图 7-1 所示。

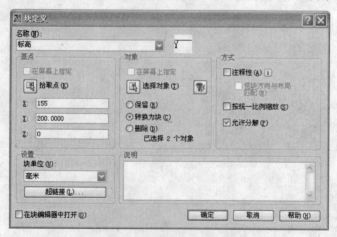

图 7-1 【块定义】对话框

第 7 章 图块

【块定义】对话框中的各选项功能如下。

(1)【名称】下拉列表框：用于为即将创建的图块命名。图块名最长可达 255 个字符，可用字符包括字母 A 到 Z、数字 0 到 9、空格以及操作系统或程序未作他用的任何特殊字符。

(2)【基点】选项组：用于指定图块的插入基点，默认值是（0，0，0）。在该选项组中有以下 5 个选项。

① 【在屏幕上指定】复选框：用于在绘图区域中指定基点。

② 【拾取点】按钮：用于从【块定义】对话框中切换到绘图区域并指定一个点作为图块的插入基点。

③ 【X】文本框：用于输入插入点的 X 坐标值以确定插入图块的位置。

④ 【Y】文本框：用于输入插入点的 Y 坐标值以确定插入图块的位置。

⑤ 【Z】文本框：用于输入插入点的 Z 坐标值以确定插入图块的位置。

(3)【对象】选项组：用于选择要组成图块的对象，以及创建图块之后如何处理这些对象。在该选项组中有以下 6 个选项。

① 【在屏幕上指定】复选框：用于在绘图区域中选择对象。

② 【选择对象】按钮：用于在绘图区域中选择要创建为图块的对象。

③ 按钮：用于通过【快速选择】对话框来定义选择集。

④ 【保留】单选按钮：用于在创建图块后仍然保留组成图块的各对象。

⑤ 【转换为块】单选按钮：用于在创建图块后将组成图块的各对象保留并将它们转换为图块实体。

⑥ 【删除】单选按钮：用于在创建图块后将组成图块的原对象从绘图区域中删除。

(4)【方式】选项组：用于设置组成图块的对象的显示方式。在该选项组中主要有以下两个选项。

① 【按统一比例缩放】复选框：用于将指定的图块对象按统一比例缩放。

② 【允许分解】复选框：用于指定图块对象可以被分解。

(5)【设置】选项组：用于设置图块的属性。在该选项组中有以下两个选项。

① 【块单位】下拉列表框：用于选择从 AutoCAD 设计中心中拖动图块时的缩放单位。

② 【超链接】按钮：用于插入超链接文档。

【例 7-1】 将如图 7-2 所示的标高符号定义成图块。

操作步骤如下。

(1) 选择【绘图】|【块】|【创建块】命令，打开【块定义】对话框。

(2) 在【名称】文本框中输入图块的名称：标高。

(3) 在【基点】选项组中单击【拾取点】按钮，切换到绘图窗口，

图 7-2 标高符号

然后单击 A 点即确定基点位置。

（4）在【对象选项组】中选择【转换为块】单选按钮，然后单击【选择对象】按钮，切换到绘图窗口，此时选择所有图形后按 Enter 键将返回【块定义】对话框。

（5）单击【确定】按钮完成操作。

2．外部图块的创建

在 AutoCAD 中，把能够在任意图形中使用的图块称为外部图块。外部图块的实质是将组合的一组块对象输出存储成一个新的、独立的图形文件。

创建外部图块，可以使用【写块】命令，此时在命令行窗口中输入 wblock 或 w 并按 Enter 键即可。使用【写块】命令后，系统弹出【写块】对话框，如图 7-3 所示。

图 7-3 【写块】对话框

在【写块】对话框中，【基点】和【对象】选项组的功能和【块定义】对话框的功能相同。其余两个选项组的功能如下。

（1）【源】选项组：用于设置组成图块的对象来源。在该选项组中有以下 3 个选项。

①【块】单选按钮：用于将使用 block 命令创建的图块保存为图形文件。

②【整个图形】单选按钮：用于将当前的全部图形保存为图形文件。

③【对象】单选按钮：用于将选定的图块对象保存为图形文件。

(2)【目标】选项组：用于设置图块的保存名称和位置。在该选项组中有以下两个选项。
①【文件名和路径】文本框：用于输入图块文件的名称和保存路径。
②【插入单位】下拉列表框：用于指定从设计中心拖动图块时自动缩放单位值。

7.1.2 插入图块

如果要将已经定义的图块插入到当前图形中，可以使用【插入块】命令，常用以下 3 种方法。
(1) 从菜单栏中选择【绘图】│【插入块】命令。
(2) 单击绘图工具栏中的 按钮。
(3) 在命令行窗口中输入 insert 或 i 并按 Enter 键。
使用【插入块】命令后，系统弹出【插入】对话框，如图 7-4 所示。

图 7-4 【插入】对话框

【插入】对话框中的各选项功能如下。
(1)【名称】下拉列表框：用于指定要插入图块的名称。
(2)【插入点】选项组：用于指定图块的插入点位置。在该选项组中有以下 4 个选项。
①【在屏幕上指定】复选框：用于在绘图区域中指定图块的插入点。
②【X】文本框：用于输入插入点的 X 坐标值以确定插入点的位置。
③【Y】文本框：用于输入插入点的 Y 坐标值以确定插入点的位置。
④【Z】文本框：用于输入插入点的 Z 坐标值以确定插入点的位置。
(3)【比例】选项组：用于指定插入图块时的缩放比例。在该选项组中有以下 5 个选项。
①【在屏幕上指定】复选框：用于在绘图区域中指定图块的比例。
②【X】文本框：用于输入插入图块的 X 方向的比例值。

③【Y】文本框：用于输入插入图块的 Y 方向的比例值。

④【Z】文本框：用于输入插入图块的 Z 方向的比例值。

⑤【统一比例】复选框：用于使用相同的 X、Y 和 Z 方向的比例。此时为 X 指定的值也反映在 Y 和 Z 的值中。

（4）【旋转】选项组：用于在当前 UCS 中指定插入图块时的旋转角度。在该选项组中有以下两个选项。

①【在屏幕上指定】复选框：用于在绘图区域中指定图块的旋转角度。

②【角度】文本框：用于输入插入图块时的旋转角度。

（5）【块单位】选项组：用于显示有关图块单位的信息。在该选项组中有以下两个选项。

①【单位】文本框：用于指定插入图块的 insunits 值；

②【比例】文本框：用于输入比例因子。

（6）【分解】复选框：用于在插入图块的同时将块中的对象分解成独立的对象。

7.2 图块的属性

图块的属性用于为图块添加文本注释。与图块的属性相关的 3 个要素是：属性标记、属性值和属性提示。

（1）属性标记。它是属性定义的标识符，可用来描述文本尺寸、文字样式和旋转角度。标识符在图块插入前将显示于属性的插入位置处；在图块被插入后将不再显示该标记（当块被分解后，属性标记将重新显示）。在属性标记中不能包含空格，两个名称相同的属性标记不能出现在同一个图块定义中。

（2）属性值。它是直接附着于属性上并与图块关联的字符串文本。

（3）属性提示。它是在插入带有可变的或预置的属性值图块时，系统显示的提示信息。

7.2.1 定义图块的属性

如果要将某一图块的属性写入到图块中，可以使用【定义属性】命令，常用以下两种方法。

（1）从菜单栏中选择【绘图】|【块】|【定义属性】命令。

（2）在命令行窗口中输入 attdef 或 att 并按 Enter 键。

使用【定义属性】命令后，系统弹出【属性定义】对话框，如图 7-5 所示。

图 7-5 【属性定义】对话框

【属性定义】对话框中的各选项功能如下。

（1）【模式】选项组：用于设置图块的属性模式。该选项组中有以下 6 个选项。

①【不可见】复选框：用于确定插入图块后是否显示其属性值。

②【固定】复选框：用于设置属性是否为固定值。勾选该复选框，在插入带有该属性的图块时，都会使用相同的属性值，并且在插入图块时不会提示输入属性值。

③【验证】复选框：用于验证属性值是否正确。

④【预置】复选框：用于自动把事先设置好的默认值赋予属性而不再提示输入属性值。

⑤【锁定位置】复选框：由于确定是否锁定图块中属性的位置。

⑥【多行】复选框：用于使用多行文字来标注图块的属性值。

（2）【属性】选项组：用于设置属性数据。该选项组中有以下 3 个选项。

①【标记】文本框：用于输入属性的标记。属性标记可由任何字符组合（空格除外）而成，AutoCAD 会自动把小写字母转换为大写字母。

②【提示】文本框：用于输入属性提示。属性提示是插入块时系统显示的提示信息，如果不输入属性提示，则将属性标记作为提示。

③【默认】文本框：用于指定属性的默认值。该选项组中有以下 4 个选项。

（3）【插入点】选项组：用于指定属性文本的位置。

①【在屏幕上指定】复选框：用于在绘图区域中指定属性文本的位置。

②【X】文本框：用于输入属性文本插入点的 X 坐标值。

③【Y】文本框：用于输入属性文本插入点的 Y 坐标值。
④【Z】文本框：用于输入属性文本插入点的 Z 坐标值。
(4)【文字设置】选项组：用于设置属性文字的格式。
(5)【在上一个属性定义下对齐】复选框：用于将当前属性标记直接置于前一个属性的下面，并且继承前一个属性的文字样式、文字高度及旋转角度等特性。如果之前没有创建属性定义，则此选项不可用。

【例 7-2】 将图 7-6 所示的图形定义为带有属性的图块，并将其插入到桥台图中，如图 7-7 所示。

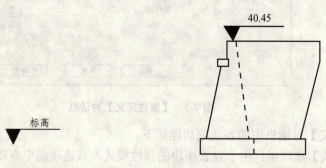

图 7-6 标高符号　　　图 7-7 插入定义属性的标高符号

操作步骤如下。
(1) 选择【绘图】|【块】|【定义属性】命令，打开【属性定义】对话框。
(2) 在该对话框中的【标记】文本框中输入"标高"，在【提示】文本框中输入"高程"，在【文字高度】文本框中输入"5"。
(3) 单击【确定】按钮后，将图 7-6 所示"标高"文字的左下角点指定为插入点。
(4) 从菜单栏中选择【绘图】|【块】|【创建块】命令，然后将图 7-6 所示的图形创建名称为【标高 1】的图块。
(5) 从菜单栏中选择【绘图】|【插入块】命令，然后选择【标高 1】，再在系统提示输入高程值时输入"40.45"后按 Enter 键即可将【标高 1】块插入到桥台图中。

7.2.2　编辑图块的属性

如要编辑图块中的属性，可以使用【编辑属性】命令，常用以下 3 种方法。
(1) 从菜单栏中选择【修改】|【对象】|【属性】命令。
(2) 单击绘图工具栏中的 按钮。
(3) 在命令行窗口中输入 eattedit 并按 Enter 键。

使用【编辑属性】命令后,响应命令行提示选择带属性的块,此时系统弹出【增强属性编辑器】对话框,如图 7-8 所示。

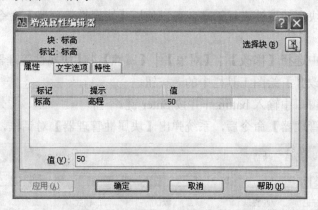

图 7-8 【增强属性编辑器】对话框

【增强属性编辑器】对话框中的各选项功能如下。

(1)【属性】选项卡:用于显示指定给每个属性的标记、提示和值。在此选项卡中只能更改属性值。

(2)【文字选项】选项卡:用于修改属性文字的格式。在该选项卡中可以设置文字样式、对正方式、高度、旋转角度、宽度因子及倾斜角度等内容,如图 7-9 所示。

(3)【特性】选项卡:用于修改属性文字的图层、线宽、线型和颜色及打印样式,如图 7-10 所示。

图 7-9 【文字选项】选项卡

图 7-10 【特性】选项卡

7.2.3 管理图块的属性

如果需要对图块中的属性进行管理，可以使用【块属性管理器】命令，常用以下 3 种方法。

(1) 从菜单栏中选择【修改】|【对象】|【属性】|【块属性管理器】命令。
(2) 单击【修改Ⅱ】绘图工具栏中的 按钮。
(3) 在命令行窗口中输入 battman 并按 Enter 键。

使用【块属性管理器】命令后，系统弹出【块属性管理器】对话框，如图 7-11 所示。

图 7-11　【块属性管理器】对话框

【块属性管理器】对话框中的各选项功能如下。
(1)【选择块】按钮：用于从图形中选择图块。
(2)【块】下拉列表框：用于选择要修改属性的图块。
(3)【同步】按钮：用于更新具有当前定义属性特性的选定图块的全部实例。
(4)【上移】按钮：用于在提示序列的早期阶段移动选定的属性标签。
(5)【下移】按钮：用于在提示序列的后期阶段移动选定的属性标签。
(6)【编辑】按钮：用于对图块的属性进行编辑。单击该按钮，将打开【编辑属性】对话框，如图 7-12 所示。
(7)【删除】按钮：用于从图块定义中删除选定的属性。
(8)【设置】按钮：用于对图块的属性进行设置。单击该按钮将打开【块属性设置】对话框，如图 7-13 所示。

第 7 章 图块 131

图 7-12 【编辑属性】对话框

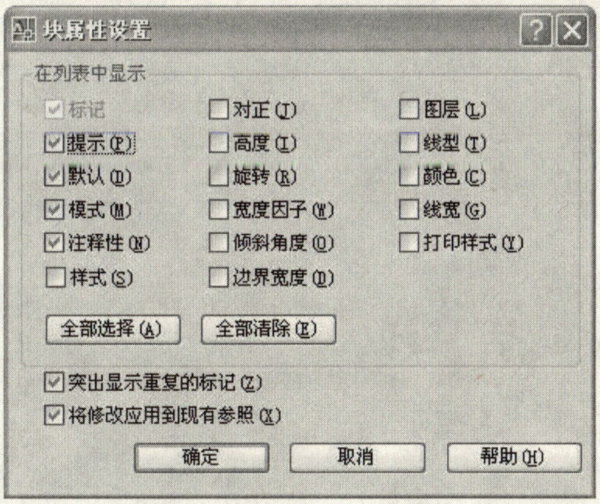

图 7-13 【块属性设置】对话框

第二篇

AutoCAD 绘图应用

第二篇

AutoCAD 绘图应用

第 8 章 机械制图应用实例

8.1 平 面 图

本节将以图 8-1 为例来介绍平面图形的绘制过程，使读者对利用 AutoCAD 绘制工程图样有一个较全面的认识。

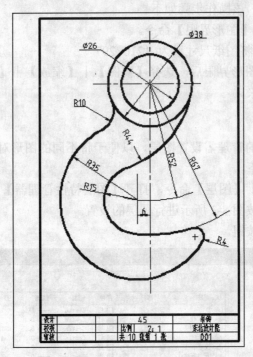

图 8-1 平面图形

8.1.1 创建 A4 图幅样板文件

AutoCAD 提供了样板文件供用户在绘制图样时事先对重复的内容进行设置，如绘图单位、图层、标注文字的样式、标注尺寸的样式、绘图的幅面、图框和标题栏等，以便在以后绘制相同幅面的图形时，直接调用样板文件就可直接进行绘图，而不必进行重复的设置，从而大大提高绘图的效率。

1. 创建图形文件

创建图形文件的操作步骤如下。

(1) 选择【文件】|【新建】命令，打开【选择样板】对话框。

(2) 在该对话框中选择"acadiso.dwt"样板文件，然后单击【打开】按钮。

2. 设置图形单位和图形界限

(1) 设置图形单位。该操作步骤如下。

① 选择【格式】|【单位】命令，打开【图形单位】对话框。
② 在该对话框中将【精度】设置为"0.0"。

(2) 设置图形界限。该操作步骤如下。

① 选择【格式】|【图形界限】命令。
② 在命令行提示下将图纸尺寸设为"210×297"。

设置完图形单位与图形界限后，选择【视图】|【缩放】|【全部】命令，可使图形在屏幕上全部被显示出来。

3. 设置图层

为方便对图形对象的管理需设置图层，以便于将不同的图形对象画在不同的图层上。设置图层的操作步骤如下。

(1) 选择【格式】|【图层】命令，打开【图层特性管理器】对话框

(2) 在该对话框中按图 8-2 所示进行图层的设置。

(3) 单击【确定】按钮。

图 8-2　图层设置

4. 定义符合制图标准的文字样式

符合制图标准的文字为长仿宋体，需要定义"仿宋"文字样式，操作步骤为：选择【格式】|【文字样式】命令，然后在弹出的【文字样式】对话框中进行如下设置。

（1）选用"gbenor.shx"字体。
（2）勾选【使用大字体】复选框。
（3）在【大字体】中选择 gbcbig.shx。
（4）单击【置为当前】按钮。

5. 定义符合机械制图标准的尺寸标注样式

要标注出符合机械制图标准的尺寸，需要定义"基础机械"标注样式，操作步骤为如下。

（1）选择【格式】|【标注样式】命令，打开【标注样式管理器】对话框。
（2）在该对话框中单击【继续】按钮，打开【新建标注样式】对话框。
（3）按表 8-1 所列的值设置【新建标注样式】对话框中各选项卡的各设置项（未列出的选项采用系统默认值）。
（4）单击【置为当前】按钮。

表 8-1 设置【基础机械】标注样式

选项卡	选项组	设置项	值	选项卡	选项组	设置项	值
线	尺寸线	颜色	Bylayer	符号和箭头	箭头	第一个	实心闭合
		线型	Bylayer			第二个	实心闭合
		线宽	Bylayer			引线	实心闭合
		基线间距	8			箭头大小	3.5
	尺寸界线	颜色	Bylayer	文字	文字外观	文字样式	工程字
		尺寸界线1的线型	Bylayer			文字颜色	Bylayer
		尺寸界线2的线型	Bylayer			文字高度	3.5
		线宽	Bylayer		文字位置	从尺寸线偏移	1
		超出尺寸线	2	主单位	线性标注	小数分隔符	句点
		起点偏移量	0				

6. 绘制图框

绘制图框的操作步骤如下。

(1) 将【细实线】图层置为当前。

(2) 选择【绘图】|【矩形】命令后,在绘图区域内任一点 A 处绘制出 "210×297"、"180×287" 两个矩形。

(3) 使用【移动】命令将尺寸为 "180×287" 的矩形移动(@25,-5)。

(4) 将 "180×287" 矩形放在【粗实线】图层上。

绘制出的图框如图 8-3 所示。

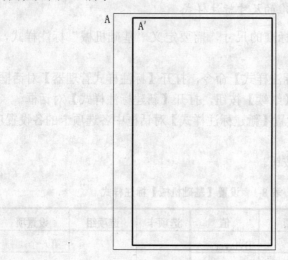

图 8-3 图框

7. 绘制标题栏

标题栏是每一张工程图样都包含的内容,将标题栏定义为一个属性块既可以避免重复,又可以提高工作效率。

(1) 绘制标题栏图形

绘制标题栏图形,需先使用【绘图】|【直线】命令,然后参照图 8-4 所示的尺寸绘制出标题栏图形。其中,标题栏外框线线宽 0.7,分格线线宽 0.35。

(2) 输入固定文本

输入固定文本的操作步骤如下。

① 选择【绘图】|【单行文字】命令后,在设计栏中心位置输入 "设计"。

② 选择【复制】命令后,在固定文本的其他各栏进行复制。

③ 依次双击复制的文字,在弹出的窗口中修改文字的内容完成固定文本的输入,如图 8-4 所示。

图 8-4 标题栏样式

(3) 定义可变文本的属性

标题栏中的可变文本内容如图 8-5 所示。将其定义为属性的操作步骤为：先选择【绘图】|【块】|【定义属性】命令，然后打开【定义属性】对话框，在对话框中按表 8-2 所列的属性内容值依次定义各个属性。

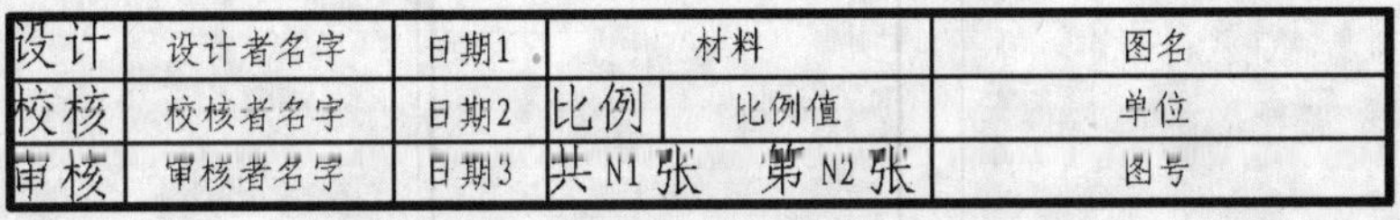

设计	设计者名字	日期1	材料		图名
校核	校核者名字	日期2	比例	比例值	单位
审核	审核者名字	日期3	共N1张	第N2张	图号

图 8-5 属性内容

表 8-2 属性值列表

属性标记	属性提示	默认值	功能
设计者名字	输入设计者名字	无	填写设计者名字
校核者名字	输入校核者名字	无	填写校核者名字
审核者名字	输入审核者名字	无	填写审核者名字
日期1	输入设计日期	无	填写设计日期
日期2	输入校核日期	无	填写校核日期
日期3	输入审核日期	无	填写审核日期
材料	输入材料	无	填写材料
比例值	输入比例	无	填写比例
N1	输入总张数	无	填写总张数
N2	输入本张图页数	无	填写本张图页数
图名	输入图名	无	填写图名
单位	输入设计单位	无	填写设计单位
图号	输入图号	无	填写图号

(4) 创建"标题栏"外部块

创建"标题栏"外部块需使用【写块】命令即可将图 8-5 所示的标题栏定义为外部块。

(5) 插入"标题栏"属性图块

插入"标题栏"图块操作步骤如下。

(1) 选择【绘图】|【插入】命令,然后将"标题栏"属性块插入到当前图形中。

(2) 将插入的基点指定为内框的右下角点。

(3) 按 Enter 键。

插入"标题栏"属性块后的图形如图 8-6 所示。

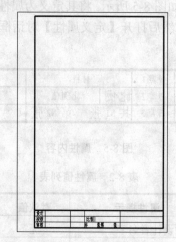

图 8-6　插入"标题栏"属性块图

8. 保存样板文件

将图 8-6 所示图形保存为样板文件的操作步骤如下。

(1) 选择【视图】|【缩放】|【全部】命令即可将整个图幅显示在绘图区域。

(2) 选择【文件】|【另存为】命令,打开【图形另存为】对话框。

(3) 在该对话框中的【文件类型】下拉列表框中将文件保存类型选择为"AutoCAD 图形样板(*.dwt)";在【文件名】文本框中输入文件命名为"GB-A4-jx"。

(4) 单击【保存】按钮,AutoCAD 将弹出【样板说明】对话框。单击该对话框中的【确定】按钮完成操作。

8.1.2　绘制平面图

1. 创建新图形

创建新图形的操作步骤如下。

（1）选择【文件】|【新建】命令，打开【选择样板】对话框。

（2）在该对话框中选择"GB-A4-jx.dwt"样板文件，然后单击【打开】按钮，进入 AutoCAD 的工作界面。

2．绘制作图基准线

通过对图形进行分析，需要绘制图形的作图基准线，操作步骤如下。

（1）将【中心线】图层置为当前，然后选择【绘图】|【直线】命令，再根据图 8-7 所示的尺寸绘制出两条定位基准线（图中点画线）。

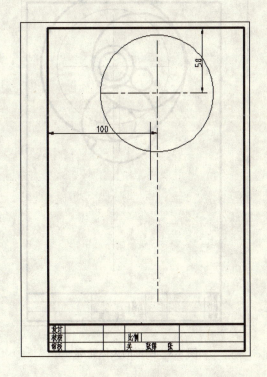

图 8-7 作图基准线

（2）使用【偏移】命令将垂直基准线向左偏移 6。

（3）使用【绘图】|【圆】命令，以两条基准线的交点为圆心，52 为半径绘制出圆。

（4）选中偏移直线和圆，将其所在图层指定到【细实线】图层，并修改偏移直线的长度。

3．绘制图形的大体轮廓

绘制图形的大体轮廓操作步骤如下。

(1) 选择【绘图】|【圆】命令，之后以两条点画线的交点为圆心，分别以 13、19、67 为半径画圆。

(2) 继续执行【绘图】|【圆】命令，之后以两条细实线的交点为圆心，分别以 15、35 为半径画圆。

(3) 再次执行【绘图】|【圆】命令，之后使用【相切、相切、半径】命令提示选项绘制 R10、R44、R4 三个圆即可完成大体轮廓的绘制，如图 8-8 所示。

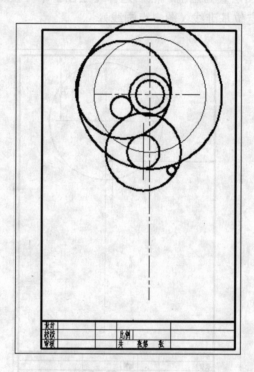

图 8-8　图形的大体轮廓

4. 修改图形

修改图形的步骤如下。

(1) 选择【修改】|【修剪】命令，然后参照图 8-1 所示的图形，将刚完成的图 8-8 修剪为图 8-9 所示的图形。

(2) 选择【修改】|【缩放】命令，然后将【比例因子】设置为 2，再选中图 8-9 中刚画好的图形即可完成对图形的修改，如图 8-10 所示。

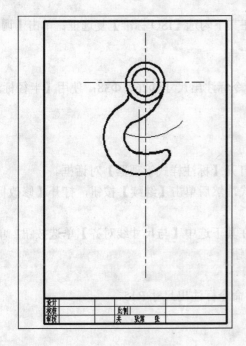
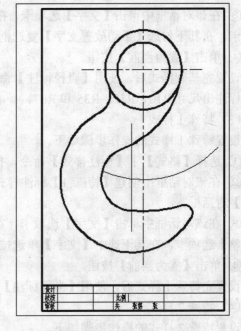

图 8-9 修剪图形　　　　图 8-10 放大图形

5. 标注尺寸

标注尺寸时,需先将【尺寸标注】图层设为当前图层,同时打开【标注】工具栏,以【基础机械】标注样式为基础,然后参照图 8-1 所示的尺寸标注,设置以下 5 种标注样式来标注出图形中的尺寸。

(1) 线性样式。设置线性样式的操作步骤如下。

① 选择【格式】|【标注样式】命令,打开【标注样式管理器】对话框。

② 在该对话框中创建【线性】标注样式,然后单击【继续】按钮,打开【修改标注样式】对话框。

③ 在该对话框中单击【主单位】选项卡,将其下的【比例因子】设为 2。

④ 单击【置为当前】按钮。

设置完线性样式后,使用【线性标注】命令标注出尺寸 6。

(2) 基础样式

设置基础样式的操作步骤如下 。

① 选择【格式】|【标注样式】命令,打开【标注样式管理器】对话框

② 在该对话框中创建【基础】标注样式,然后单击【继续】按钮,打开【修改标注样

式】对话框。

③ 在该对话框中单击【文字】选项卡，在其下勾选【ISO 标准】复选框；单击【调整】选项卡，在其下勾选【手动放置文字】复选框。

④ 单击【置为当前】按钮。

设置完基础样式后，使用【直径标注】命令标注出尺寸 Φ26、Φ38；使用【半径标注】命令标注出尺寸 R10、R52、R35 和 R67。

（3）特殊 1 样式

设置特殊 1 样式的操作步骤如下。

① 选择【格式】|【标注样式】命令，打开【标注样式管理器】对话框。

② 在该对话框中创建【特殊 1】标注样式，然后单击【继续】按钮，打开【修改标注样式】对话框。

③ 在该对话框中单击【文字】选项卡，在其下选中【与尺寸线对齐】单选按钮；单击【调整】选项卡，在其下选中【文字】单选按钮。

④ 单击【置为当前】按钮。

设置完特殊 1 样式后，使用【半径标注】命令标注出尺寸 R15。

（4）特殊 2 样式

设置特殊 2 样式的操作步骤如下。

① 选择【格式】|【标注样式】命令，打开【标注样式管理器】对话框。

② 在该对话框中创建【特殊 2】标注样式，然后单击【继续】按钮，打开【修改标注样式】对话框。

③ 在该对话框中单击【调整】选项卡，在其下选中【文字或箭头】单选按钮，并勾掉【在尺寸界线之间绘制尺寸线】复选框。

④ 单击【置为当前】按钮。

设置完特殊 2 样式后，使用【半径标注】命令标注出尺寸 R4。

（5）特殊 3 样式

设置特殊 3 样式的操作步骤如下。

① 选择【格式】|【标注样式】命令，打开【标注样式管理器】对话框。

② 在该对话框中创建【特殊 3】标注样式，然后单击【继续】按钮，打开【修改标注样式】对话框。

③ 在该对话框中单击【线】选项卡，在其下勾选【尺寸线 1】复选框；单击【调整】选项卡，在其下选中【文字】单选按钮。

④ 单击【置为当前】按钮。

设置完特殊 3 样式后，使用【半径标注】命令标注出尺寸 R44。

6. 填写标题栏

图形绘制完成后，还需要填写标题栏，操作步骤如下。

（1）双击标题栏对象，打开【增强属性编辑器】对话框。

（2）在该对话框中依次选中属性标记，然后在【值】文本框中输入对应的属性值。填写完的标题栏如图 8-1 所示。

完成了平面图形的绘制后，还需选择【视图】|【缩放】|【全部】命令，使整个图形显示在绘图区域，最后将此图形命名保存。

8.2 轴承座三视图

视图是工程图样表示法中最基本的表达方法。本节将以图 8-11 为例来介绍轴承座三视图的绘制过程。

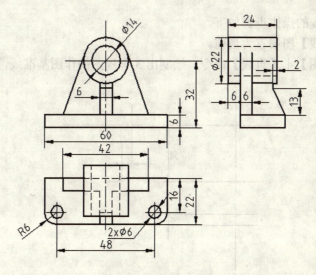

图 8-11 轴承座三视图

8.2.1 绘制准备

1. 绘制中心线

绘制中心线时，需先将【中心线】图层置为当前，然后选择【绘图】|【直线】命令即可画出如图 8-12 所示的中心线。

图 8-12 中心线图

2. 绘制布图基准线

绘制布图基准线的操作步骤如下。

(1) 将【细实线】图层置为当前。

(2) 选择【绘图】|【直线】命令,绘制出 3 个视图的作图基准线,如图 8-13 所示。

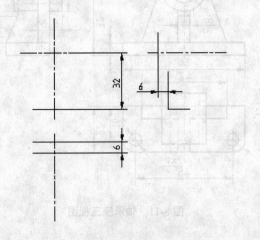

图 8-13 作图基准线

8.2.2 绘制主视图

为了保证三视图之间的对应关系和作图需要,在绘制三视图时需打开【对象追踪】和【对象捕捉】这两个透明命令,同时将【捕捉工具栏】打开,并将【粗实线】图层置为当前，然后按以下方法绘制出主视图。

（1）绘制底板。绘制底板的操作步骤如下。

① 选择【绘图】|【直线】命令。

② 从基点 A 出发依次水平向左 30、垂直向上 6、水平向右 60、垂直向下 6、水平向左 30 绘制出连续直线。

绘制出的底板如图 8-14 所示。

（2）绘制套筒。绘制套筒的操作步骤如下。

① 选择【绘图】|【圆】命令。

② 以基点 B 为圆心，分别以 7、11 为半径绘制出两个同心圆。

绘制出的套筒如图 8-15 所示。

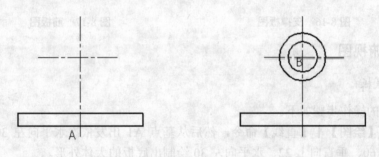

图 8-14　底板图　　　　　　图 8-15　套筒图

（3）绘制支撑板。绘制支撑板的操作步骤如下。

① 选择【绘图】|【直线】命令。

② 单击对象捕捉工具栏里的【捕捉自】按钮，然后从底板顶面与垂直中心线的交点向左偏移 21 绘制出直线的端点 C。

③ 单击对象捕捉工具栏里的【捕捉到切点】按钮，然后找到直线与 Φ22 圆的切点，完成支撑板左边的绘制。

④ 使用上述相同的方法绘制出支撑板右边的直线。

绘制出的支撑板如图 8-16 所示。

（4）绘制筋板。绘制筋板的操作步骤如下。

① 选择【绘图】|【直线】命令。

② 单击对象捕捉工具栏里的【捕捉自】按钮。

③ 从底板顶面与垂直中心线的交点出发向左偏移绘制出直线的端点 E，然后垂直向上，追踪到垂线与 Φ22 圆的交点并单击即可完成筋板左边垂直线的绘制。

④ 使用上述相同的方法绘制出筋板右边的直线。

⑤ 选择【修改】|【偏移】命令，将底板顶面直线向上偏移 10。
⑥ 选择【修改】|【修剪】命令，将左右长出的部分剪掉。
绘制出的筋板如图 8-17 所示。

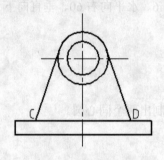 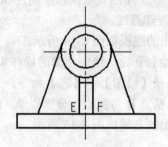

图 8-16　支撑板图　　　　　　图 8-17　筋板图

8.2.3　绘制俯视图

1. 绘制底板

绘制底板的操作步骤如下。

（1）选择【绘图】|【直线】命令，然后从基点 A1 出发依次水平向左 30、垂直向下 22、水平向右 60、垂直向上 22、水平向左 30 绘制出底板的大体外形。

（2）选择【修改】|【圆角】命令，然后设置圆角半径为 6，再对底板左前角与右前角进行倒角操作。

（3）选择【绘图】|【圆】命令，然后捕捉 R6 圆角的圆心为圆心、3 为半径绘制出两个圆，如图 8-18 所示。

（4）将【中心线】图层置为当前，然后使用【直线】命令绘制出两个圆的对称中心线。

绘制出的底板如图 8-18 所示。

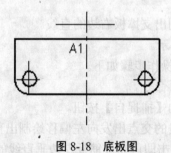

图 8-18　底板图

2. 绘制套筒

绘制套筒的操作步骤如下。

（1）将【粗实线】图层置为当前，然后选择【绘图】|【直线】命令，再从俯视图最后面的基准线与中心线的交点出发依次水平向左 11、垂直向下 24、水平向右 22、垂直向上 24、水平向左 11 绘制出套筒的外形。

（2）选择【修改】|【偏移】命令，然后将套筒外面的两条垂线向内偏移 6，并将偏移得到的两条直线放置到【虚线】图层。

绘制出的套筒如图 8-19 所示。

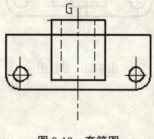

图 8-19　套筒图

3. 绘制支撑板

绘制支撑板的操作步骤如下。

（1）选择【绘图】|【直线】命令。

（2）从基点 A1 出发依次水平向左 21、垂直向下 6、水平向右 42、垂直向上 6 绘制出连续直线。

绘制出的支撑板如图 8-20 所示。

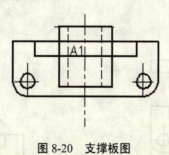

图 8-20　支撑板图

4. 绘制筋板

绘制筋板的操作步骤如下。

（1）选择【绘图】|【直线】命令，然后从底板前面与中心线交点 H 出发依次水平向

左3、垂直向上追踪到与支撑板前面的交点,再继续水平向右6、垂直向下追踪到与支撑板前面的交点。

(2) 选择【修改】|【偏移】命令,然后将筋板最后面的直线向前偏移10。

(3) 将偏移出的直线选中放置到【虚线】图层。

绘制出的筋板如图8-21所示。

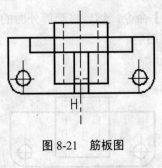

图8-21 筋板图

5. 整理图形

整理图形的操作步骤如下。

(1) 选择【绘图】|【构造线】命令,然后通过主视图中套筒与支撑板的交点绘制出两条垂直构造线。

(2) 选择【修改】|【修剪】命令将位于两条构造线中间的、看不到的、用粗实线绘制出来的底板、支撑板和部分筋板图线剪掉,如图8-22所示。

(3) 将【虚线】图层置为当前,参照图8-23,将俯视图中的虚线绘制出来。

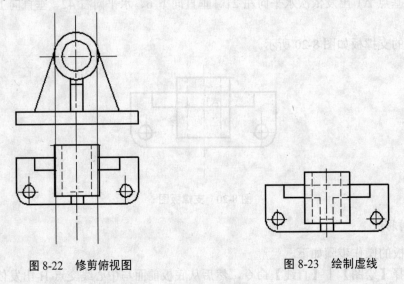

图8-22 修剪俯视图　　　　　图8-23 绘制虚线

8.2.4 绘制左视图

1. 绘制辅助线

为了保证主、左视图之间的对应关系，应通过主视图的一些关键点绘制出一组水平构造线作为左视图的辅助线，如图 8-24 所示。

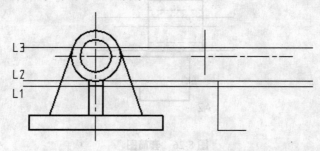

图 8-24 辅助线图

2. 绘制底板

绘制底板的操作如下。

（1）将【粗实线】图层置为当前。

（2）选择【绘图】|【矩形】命令，然后从左视图的基准点 A2 出发，绘制出长为 22、宽为 6 的矩形。

绘制出的底板如图 8-25 所示。

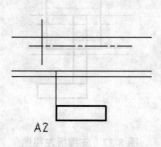

图 8-25 底板图

3. 绘制套筒

绘制套筒的操作步骤如下。

（1）选择【绘图】|【直线】命令，然后从左视图后面的基准线与中心线的交点出发依次垂直向上 11、水平向右 24、垂直向下 22、水平向左 24、垂直向上 11 绘制出套筒的外

轮廓线。

（2）将两条水平外轮廓线向内各偏移 4。

（3）选中这两条偏移直线将其放置在【虚线】图层。

绘制出的套筒如图 8-26 所示。

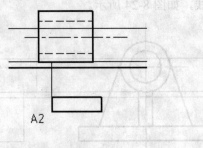

图 8-26　套筒图

4. 绘制支撑板

绘制支撑板的操作步骤如下。

（1）选择【绘图】|【直线】命令，然后从底板矩形的左上顶点出发绘制垂直线（一直绘到与 L3 构造线的交点）。

（2）选择【修改】|【偏移】命令，然后将刚绘制好的垂直线向右偏移 6。

绘制出的支撑板如图 8-27 所示。

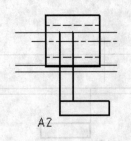

图 8-27　支撑板左视图

5. 绘制筋板

绘制筋板的操作步骤如下。

（1）选择【绘图】|【直线】命令。

（2）从构造线 L2 与支撑板前面的垂直线的交点出发依次水平向右 10、垂直向下 2，然后连接到底板矩形的右上端点。

绘制出的筋板如图 8-28 所示。

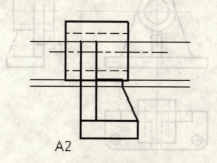

图 8-28　筋板图

6. 修剪图形

对左视图中的辅助线进行修剪，需选择【修改】|【修剪】命令将多余的直线剪掉，如图 8-29 所示。

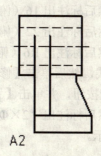

图 8-29　修改左视图

8.2.5　标注尺寸

1. 标注定位尺寸

标定位位尺寸的操作步骤如下。

（1）将【尺寸标注】图层置为当前，然后将【基础机械】标注样式置为当前，再打开【标注】工具栏。

（2）选择【线性标注】命令，然后标注出 32（主视图）和 6（左视图）两个定位尺寸，如图 8-30 所示。

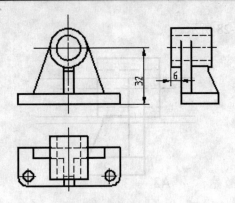

图 8-30 标注定位尺寸图

2. 标注底板尺寸

标注底板尺寸的操作步骤如下。

（1）选择【线性标注】命令，然后标注出 60、6（主视图），48（俯视图）三个尺寸。

（2）选择【连续标注】命令，然后标注出 16（俯视图）一个尺寸。

（3）选择【基线标注】命令，然后标注出 22（俯视图）的尺寸。

（4）选择【半径标注】命令，然后标注出 R6（俯视图）的尺寸。

（5）设置【水平直径】标注样式，然后单击【修改标注样式】对话框中的【文字】选项卡，在其下选中【ISO 标准】单选按钮，并单击【置为当前】按钮。

（6）选择【直径标注】命令，然后标注出 "2×Φ6" 的尺寸。

标注出的底板尺寸如图 8-31 所示。

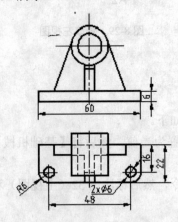

图 8-31 标注底板尺寸图

3. 标注套筒尺寸

标注套筒尺寸的操作步骤如下。

（1）将【基础机械】标注样式置为当前。
（2）选择【直径标注】命令，然后标注出 Φ14（主视图）。
（3）选择【线性标注】命令，然后标注出 Φ22 和 24（左视图）两个尺寸。

标注出的套筒尺寸如图 8-32 所示。

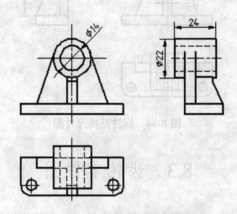

图 8-32　标注套筒尺寸图

4. 标注支撑板尺寸

标注支撑板尺寸的操作为：选择【线性标注】命令，标注出 42（俯视图）和 6（左视图）两个尺寸，如图 8-33 所示。

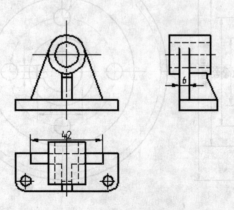

图 8-33　标注支撑板尺寸图

5. 标注筋板尺寸

标注筋板尺寸的操作为：选择【线性标注】命令，标注出 6（主视图）、2（主视图）和 13（左视图）三个尺寸，如图 8-34 所示。

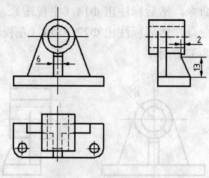

图 8-34 标注筋板尺寸图

8.3 齿轮零件图

零件图是表示零件结构、大小及技术要求的图样。本节将以图 8-35 为例来介绍直齿圆柱齿轮零件图的绘制过程。

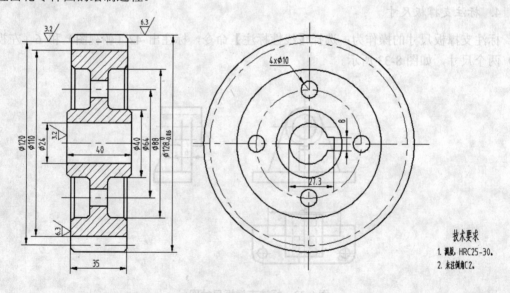

图 8-35 直齿圆柱齿轮零件图

8.3.1 绘制主视图

直齿圆柱齿轮的主视图采用了全剖的表达方法，其图形上下对称，作图时可先绘制出图形的一半，然后通过镜像即可将主视图绘制出来，具体操作步骤如下。

（1）将【中心线】图层置为当前，然后选择【绘图】|【直线】命令，在绘图区的适当位置画一条长度为 45 的直线。这是主视图的对称中心线，如图 8-36（a）所示。

（2）将【细实线】图层置为当前，然后选择【绘图】|【直线】命令，在距中心线左端的适当位置开始绘制一条长为 66 的垂直线。这是作图的长度方向基准线，如图 8-38（a）所示。

（3）选择【修改】|【偏移】命令，然后将水平中心线依次向上偏移距离 12、20、27、32、37、44、50、60 和 64；将垂直基准线向右偏移距离 40 后两端再同时向内依次偏移 2.5 和 14.5；将部分偏移得到的直线放置到【粗实线】图层。此时，可完成半个主视图大体外形的绘制，如图 8-36（b）所示。

（4）选择【修改】|【修剪】命令，修剪出齿轮上半部分的主要轮廓，如图 8-36（c）所示。

（5）选择【修改】|【倒角】命令，然后设置倒角距离为 2 后，对齿顶、轮缘及轮毂处进行倒角；选择【修改】|【圆角】命令，然后设置圆角半径为 4 后，对辐板进行圆角。修改后的图形如图 8-36（d）所示。

（6）选择【修改】|【镜像】命令，然后将图 8-36（d）沿水平中心线镜像，即完成轮廓的绘制，如图 8-36（e）所示。

（7）选择【绘图】|【图案填充】命令，然后在【图案填充和渐变色】对话框中选择【ANSI31】，再设置比例为 1，即完成剖面线的绘制，如图 8-36（f）所示。

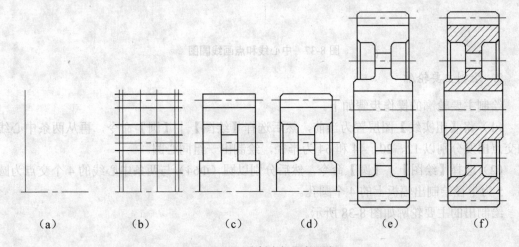

图 8-36　绘制主视图的过程

8.3.2 绘制左视图

1. 绘制中心线和点画线圆

绘制中心线和点画线圆的操作步骤如下。

（1）将【中心线】图层置为当前，然后选择【绘图】|【直线】命令，绘制出两条长度为 135 并互相垂直的直线。这是左视图的对称中心线。

（2）以两条中心线的交点为圆心，然后选择【绘图】|【圆】命令，绘制出半径为 32 和 60 的两个圆。

绘制出的中心线和点画线圆如图 8-37 所示。

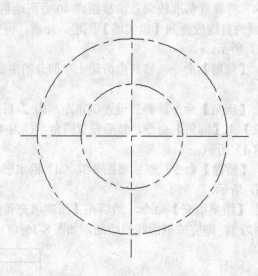

图 8-37 中心线和点画线圆图

2. 绘制主要轮廓

绘制主要轮廓的操作步骤如下。

（1）将【粗实线】图层置为当前，然后选择【绘图】|【圆】命令，再从两条中心线的交点出发分别以 12、20、44 和 64 为半径，绘制出一组同心圆。

（2）选择【绘图】|【圆】命令，然后分别以圆（Φ64）与两条中心线的 4 个交点为圆心，5 为半径绘制出辐板上的 4 个圆孔。

绘制出的主要轮廓如图 8-38 所示。

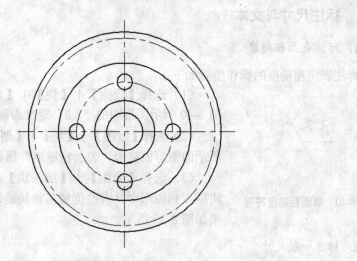

图 8-38 主要轮廓图

3. 绘制键槽

绘制键槽的操作步骤如下。

（1）选择【修改】|【偏移】命令，然后将水平中心线向上、下各偏移距离 4，再将垂直中心线向右偏移距离 15.3。

（2）选择【绘图】|【直线】命令，然后通过捕捉交点方式绘制出键槽，如图 8-39（a）所示。

（3）选择【修改】|【修剪】命令，然后将处于键槽内的轴孔 Φ24 的圆剪掉。

（4）选择【修改】|【删除】命令，然后将偏移得到的辅助线删除，如图 8-39（b）所示。

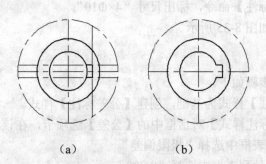

（a）　　　　　　（b）

图 8-39 键槽图

8.3.3 标注尺寸与文本

1. 标注表面粗糙度

标注表面粗糙度的操作步骤如下。

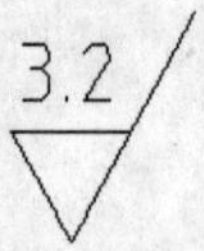

(1) 选择【绘图】|【块】|【定义属性】命令，然后将图 8-40 所示图形中的"3.2"定义为属性的默认值。

(2) 选择【绘图】|【块】|【创建】命令，然后将图 8-40 所示的图形创建为"表面粗糙度"属性块。

(3) 选择【绘图】|【插入块】命令，然后将创建好的图块插入到图形中（有些位置需将块旋转 90°）。插入块后的结果如图 8-35 所示。

图 8-40 表面粗糙度符号

2. 标注一般尺寸

标注一般尺寸的操作步骤如下。

(1) 将【尺寸标注】图层置为当前，然后打开【标注】工具栏。

(2) 将【基础机械】标注样式置为当前，然后选择【线性标注】命令，标出齿轮宽度 35、40，键槽尺寸 27.3、8。

(3) 以【基础机械】标注样式为基础，创建【直径标注】样式，然后单击【新建标注样式】对话框中的【主单位】选项卡，在其下的【前缀】文本框里输入"%%c"，再单击【置为当前】按钮。

(4) 选择【线性标注】命令，标出 Φ24、Φ40、Φ64、Φ88、Φ110、Φ120 这 6 个尺寸。

(5) 以【直径标注】样式为基础，创建【水平直径标注】样式，然后单击【新建标注样式】对话框中的【文字】选项卡，在其下选中 f【ISO 标准】单选按钮，再单击【置为当前】按钮。

(6) 选择【半径标注】命令，标出尺寸"4×Φ10"。

标出的一般尺寸如图 8-35 所示。

3. 标注公差

标注公差的操作步骤如下。

(1) 以【直径标注】样式为基础，创建【公差标注】样式。

(2) 单击【新建标注样式】对话框中的【公差】选项卡，在该选项卡中进行如下设置。

① 在【方式】下拉列表框中选择"极限偏差"。

② 在【精度】下拉列表框中选择"0.000"。

③ 在【上偏差】文本框中输入"0"。

④ 在【下偏差】文本框中输入"0.06"。
⑤ 在【高度比例】文本框中输入"0.7"。
⑥ 在【垂直位置】下拉列表框中选择"中"。

（3）单击【置为当前】按钮。

（4）选择【线性标注】命令，标出 $\Phi 128_{-0.06}^{0}$，完成结果如图 8-35 所示。

4. 标注文本

标注文本的操作为：选择【绘图】|【多行文字】命令，然后输入技术要求，如图 8-35 所示。

8.4 轴零件图

本节将以图 8-41 为例来介绍轴零件图的绘制过程。

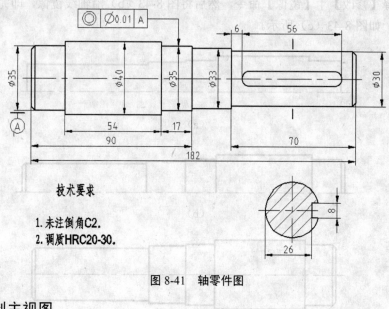

图 8-41 轴零件图

8.4.1 绘制主视图

1. 绘制轴线

绘制轴线的操作步骤为：将【中心线】图层置为当前，然后选择【绘图】|【直线】命令，在绘图区域的适当位置绘制一条长度为 190 的直线。这是主视图的回转轴线，如图 8-42 所示。

图 8-42 回转轴线

2. 绘制各轴段轮廓线

绘制各轴段轮廓线的步骤如下。

(1) 将【粗实线】图层置为当前,然后选择【绘图】|【直线】命令,再单击【正交】按钮,之后从轴线左边 A 点出发依次向上 17.5、向右 19、向上 2.5、向右 54、向下 2.5、向右 17、向下 1、向右 22、向下 1.5、向右 70、向下 15 绘制出连续直线,如图 8-43(a)所示。

(2) 选择【修改】|【倒角】命令,然后设置倒角距离为 2 后,对轴的左右两端进行倒角;选择【绘图】|【直线】命令,然后补全各个轴段的交线,如图 8-43(b)所示。

(3) 选择【修改】|【镜像】命令,然后将图 8-43(b)沿轴线镜像,即完成各轴段轮廓线的绘制,如图 8-43(c)所示。

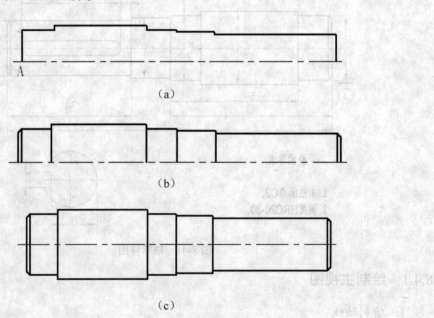

图 8-43 各轴段轮廓线的绘制过程

3. 绘制键槽

绘制键槽的操作步骤如下。

（1）选择【绘图】|【多段线】命令，绘制如图 8-44（a）所示的图形。

（2）选择【修改】|【移动】命令，然后捕捉多段线左端象限点，将其移动至 C 点，再重复执行此命令，将多段线水平右移 6，即完成键槽的绘制，如图 8-44（b）所示。

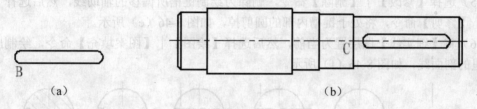

图 8-44　键槽的绘制过程

8.4.2　绘制断面图

1. 绘制剖切符号

绘制剖切符号的操作步骤如下。

（1）选择【绘图】|【直线】命令，然后在主视图右端尺寸为 70 的轴段中点附近绘制出一条长度为 5 的垂直线。

（2）选择【修改】|【镜像】命令，然后将此直线沿主视图轴线进行镜像。绘制出的剖切符号如图 8-45 所示。

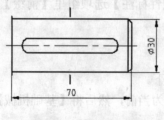

图 8-45　剖切符号图

2. 绘制移出断面图

绘制移出断面图的操作步骤如下。

（1）将【中心线】图层置为当前，然后选择【绘图】|【直线】命令，绘制出两条长度为 35 并互相垂直的直线（要使垂直对称中心线和剖切符号处于共线位置），如图 8-46（a）所示。

（2）将【粗实线】图层置为当前，然后选择【绘图】|【圆】命令，再从两条中心线

的交点出发,以 15 为半径,绘制出断面图的轮廓圆,如图 8-46(b)所示。

(3)选择【修改】|【偏移】命令,然后将水平中心线向上、下各偏移距离 4,将垂直中心线向右偏移距离 11,如图 8-46(c)所示。

(4)选择【绘图】|【直线】命令,然后通过捕捉交点方式绘制出键槽,如图 8-46(d)所示。

(5)选择【修改】|【删除】命令,删除为绘制键槽所偏移的辅助线,然后选择【修改】|【修剪】命令,将处于键槽内部的圆剪掉,如图 8-46(e)所示。

(6)将【细实线】图层置为当前,然后选择【绘图】|【图案填充】命令,绘制出断面图里的剖面线,如图 8-46(f)所示。

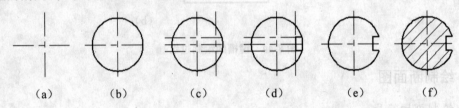

图 8-46 移出断面图的绘制过程

8.4.3 标注尺寸与文本

以【基础机械】标注样式为基础,建立【径向】标注样式,在【新建标注样式】对话框里【主单位】选项卡下的【线性标注】选项组里【前缀】一项的文本框中输入【%%c】,结束设置。

1. 标注轴向尺寸

标注轴向尺寸的操作步骤如下。

(1)将【尺寸标注】图层置为当前,然后将【基础机械】样式置为当前标注样式,再打开【标注】工具栏。

(2)选择【线性标注】命令,标出图 8-41 中的键槽深度 26、键槽宽度 8(断面图)和尺寸 17(主视图下方)、尺寸 6(主视图上方)。

(3)选择【连续标注】命令,在尺寸 17 的左方标出尺寸 54;在尺寸 6 的右方标出尺寸 56。

(4)选择【基准标注】命令,在尺寸 17 的下方标出尺寸 90。

(5)选择【连续标注】命令,在尺寸 90 的右方标出尺寸 22 和尺寸 54,然后删除多余尺寸 22。

(6)选择【基准标注】命令,在尺寸 90 的下方标出尺寸 182。
标注出的轴向尺寸如图 8-41 所示。

2. 标注径向尺寸

标注径向尺寸的操作步骤如下。

(1)以【基础机械】标注样式为基础,创建【径向】标注样式,然后单击【新建标注样式】对话框中的【主单位】选项卡,在其下的【前缀】的文本框中输入"%%c",再单击【置为当前】按钮。

(2)选择【线性标注】命令,然后从主视图的左端开始依次向右标出尺寸 Φ35、Φ40、Φ35、Φ33 和 Φ30。

标注出的径向尺寸如图 8-41 所示。

3. 标注位置公差

标注位置公差的步骤如下。

(1)输入 leader 命令,打开【形位公差】对话框。

(2)在该对话框中进行如下设置。

① 单击【符号】列下的黑框,在弹出的【特征符号】对话框里选择"◎"。
② 单击【公差 1】选项组下的黑框,然后在其右边的文本框里输入"0.01"。
③ 在【基准 1】文本框里输入"A"。

(3)单击【确定】按钮,返回到绘图区域。

(4)在绘图区域中指定箭头位置(和径向尺寸 Φ35 的尺寸线对齐)。

标注出的位置公差如图 8-41 所示。

4. 标注基准符号

标注基准符号的操作步骤如下。

(1)将【细实线】图层置为当前,然后根据图 8-47(a)所示的尺寸,绘制出基准符号图形(图形最上端的直线需用【多段线】命令绘制,设置线宽为 1.4)。

(2)选择【绘图】|【块】|【定义属性】命令,然后将图 8-47(b)所示图形中的 A 定义为属性的默认值。

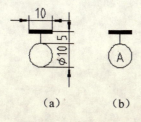

图 8-47 基准符号图

(3) 选择【绘图】|【块】|【创建】命令，然后将图 8-47（b）所示的图形创建为"基准符号"属性块。

(4) 选择【绘图】|【插入】命令，然后将创建好的图块插入到图形中。插入块后的结果如图 8-41 所示。

5. 标注文本

标注文本的操作为：选择【绘图】|【多行文字】命令，然后输入技术要求，如图 8-41 所示。

第9章 公路工程制图应用实例

9.1 圆管涵端墙式单孔构造图

涵洞构造图主要由纵剖面图、平面图、侧面图来表示。绘制时，以流水方向为纵向，并以纵剖面图代替立面图；平面图一般不考虑涵洞上方的填土或视为透明；以洞口正面布置图作为侧面视图，当进水口和出水口形状不同时，应分别绘制其进出洞口布置图。

本节将以图9-1为例来介绍圆管涵端墙式单孔构造图的绘制过程。

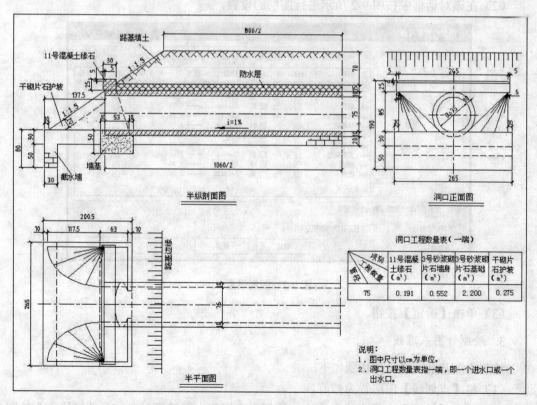

图9-1 圆管涵端墙式单孔构造图

9.1.1 绘图准备

1. 创建图形文件

创建图形文件的操作步骤如下。

（1）选择【文件】|【新建】命令，打开【选择样板】对话框。

（2）在该对话框中选择"acadiso.dwt"样板文件，然后单击【打开】按钮。

2. 设置图层

为方便对图形对象的管理，以便于将不同的图形对象画在不同的图层上，此时需要设置图层。设置图层的操作步骤如下。

（1）选择【格式】|【图层】命令，打开【图层特性管理器】对话框。

（2）在该对话框中按图9-2所示进行图层的设置。

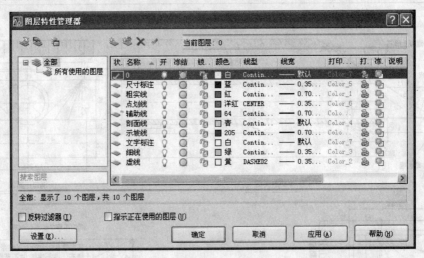

图9-2 图层设置

（3）单击【确定】按钮。

3. 绘制作图基准线

绘制作图基准线的操作步骤如下。

（1）将【点划线】图层置为当前。

（2）选择【绘图】|【直线】命令，绘制出三视图中圆管涵洞身部分的轴线作为绘图基准，如图9-3所示。

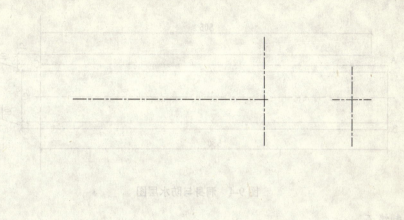

图 9-3 作图基准线

9.1.2 绘制纵剖面图

为了保证三视图之间的对应关系和作图需要,在绘制三视图时需打开【对象追踪】和【对象捕捉】这两个透明命令,同时打开【捕捉工具栏】,并将【粗实线】图层置为当前图层,然后开始作图。

1. 绘制洞身与防水层

(1)绘制洞身。该操作步骤如下。

① 选择【绘图】|【直线】命令,然后从两点画线交点处之上 37.5 开始向左绘制长为 530 的水平线。

② 选择【修改】|【偏移】命令,然后将水平线分别向上 10、向下 75、向下 85 进行偏移绘制出一组平行线。

③ 选择【绘图】|【直线】命令,然后连接 AB 两点绘制直线。

(2)绘制防水层。该操作步骤如下。

① 选择【绘图】|【直线】命令。

② 单击【对象捕捉】工具栏中的【捕捉自】按钮,然后自 C 点向上偏移 15 开始水平向左 505 制绘出水平线。

绘制出的洞身与防水层如图 9-4 所示。

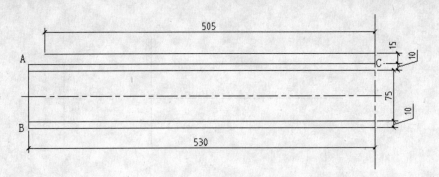

图 9-4 洞身与防水层图

2. 绘制缘石

绘制缘石的操作步骤如下。

(1) 选择【绘图】|【直线】命令。

(2) 单击【对象捕捉】工具栏中的【捕捉自】按钮,然后从点 D 开始依次垂直向下 20、水平向右 30、垂直向上 25、水平向左 25、闭合到 D 点绘制出缘石,如图 9-5 所示。

图 9-5 缘石图

3. 绘制墙基和管底垫层

绘制墙基和管底垫层的操作步骤如下。

(1) 选择【绘图】|【直线】命令,然后自 A 点开始依次向水平向左 10、垂直向下 50、水平向右 73、垂直向上 40 绘制直线。

(2) 选择【绘图】|【直线】命令,然后单击【对象捕捉】工具栏中的【捕捉自】按钮,再从 B 点向下偏移 20 开始水平向左 467 绘制直线。

绘制出的墙基和管底垫层如图 9-6 所示。

第 9 章 公路工程制图应用实例

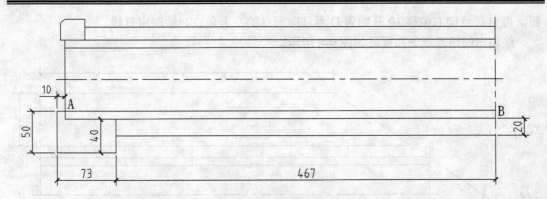

图 9-6 墙基和管底垫层图

4. 绘制截水墙

绘制截水墙的操作步骤如下。

（1）选择【绘图】|【直线】命令。

（2）从墙基左上角点开始依次水平向左 127.5、垂直向下 80、水平向右 30、垂直向上 50、水平向右 97.5 绘制直线即完成截水墙绘制，如图 9-7 所示。

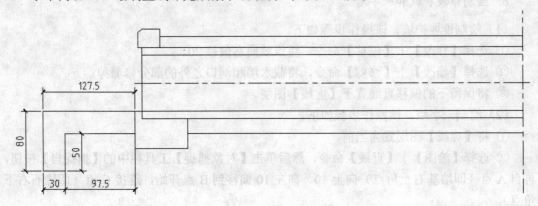

图 9-7 截水墙图

5. 绘制路基填土和锥坡

绘制路基填土和锥坡的操作步骤如下。

（1）选择【绘图】|【直线】命令，然后单击【对象捕捉】工具栏中的【捕捉自】按钮，再自 A 点向上偏移 70 开始，水平向左 400 到 B 点（即缘石与防水层上边缘交点）绘出直线。

（2）选择【绘图】|【直线】命令，然后单击【对象捕捉】工具栏中的【捕捉自】按

钮，再自 C 点向右偏移 10 开始到 D 点（即洞身的左上角点）绘制出直线。

绘制出的路基填土和锥坡如图 9-8 所示。

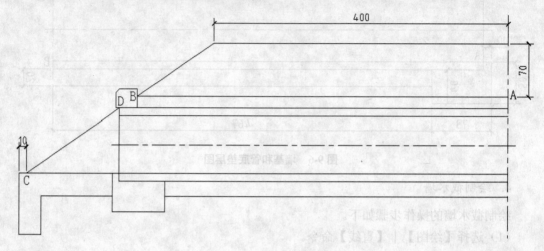

图 9-8　路基填土和锥坡图

6. 绘制锥坡护坡和一字墙

（1）绘制锥坡护坡。该操作步骤如下。

① 选择【修改】|【偏移】命令，将锥坡向右偏移 20。

② 选择【修改】|【修剪】命令，将截水墙和洞口之外的部分修剪掉。

③ 将保留下的偏移直线置于【虚线】图层。

（2）绘制一字墙。该操作步骤如下。

① 将【虚线】图层置为当前。

② 选择【绘图】|【直线】命令，然后单击【对象捕捉】工具栏中的【捕捉自】按钮，再自 A 点（即墙基右上角点）向上 10、向左 10 偏移到 B 点开始，连接 C 点（即缘石右下角点）。

③ 选择【修改】|【延伸】命令，将其延伸到 D 点。

绘制出的锥坡护坡和一字墙如图 9-9 所示。

7. 图案填充

进行图案填充的操作步骤如下。

（1）将【辅助线】图层置为当前，然后选择【绘图】|【直线】命令，绘制出如图 9-10 所示的①、⑥、⑨三部分的填充辅助线。

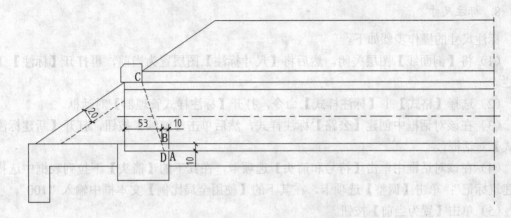

图 9-9 锥坡护坡和一字墙图

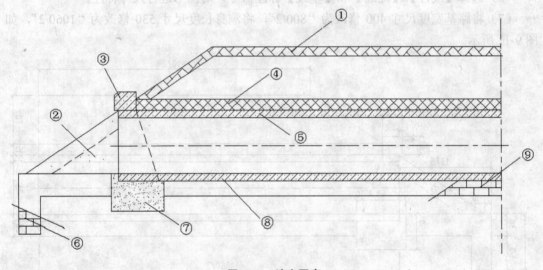

图 9-10 填充图案

（2）将【剖面线】图层置为当前，然后选择【绘图】|【图案填充】命令，再选择图案为【AR-BHONE】、比例为 0.1，对图 9-10 所示的①部分进行填充；选择图案为【AR-SAND】、比例为 1.5，对图 9-10 所示的②进行填充；选择图案为【SACNCR】、比例为 3，对图 9-10 所示的③、⑤、⑧进行填充；选择图案【ANSI37】、比例为 3，对图 9-10 所示的④进行填充；选择图案为【ARB816】、比例为 0.05，对图 9-10 所示的⑥、⑨进行填充；选择图案为【AR-SAND】、比例为 0.2，对图 9-10 所示的⑦进行填充。

（3）将【辅助线】图层关闭。

8. 标注尺寸

标注尺寸的操作步骤如下。

（1）将【剖面线】图层关闭，然后将【尺寸标注】图层置为当前，再打开【标注】工具栏。

（2）选择【格式】|【标注样式】命令，打开【标注样式管理器】对话框。

（3）在该对话框中创建【公路】标注样式，然后单击【继续】按钮，打开【新建标注样式】对话框。

（4）在该对话框中单击【符号和箭头】选项卡，在其下的【箭头】下拉列表框中选择"建筑标记"；单击【调整】选项卡，在其下的【使用全局比例】文本框中输入"100"。

（5）单击【置为当前】按钮。

（6）选择【线性】、【连续】和【基线】标注命令，对图形进行尺寸标注。

（7）将路基宽度尺寸 400 修改为"800/2"，将洞身长度尺寸 530 修改为"1060/2"，如图 9-11 所示。

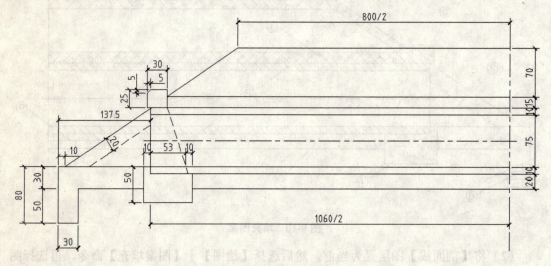

图 9-11　标注尺寸图

9. 标注文字

标注文字的操作步骤如下。

（1）将【剖面线】和【尺寸标注】图层关闭，然后将【文字标注】图层置为当前。

（2）选择【绘图】|【文字】命令，然后对图形标注文字，如图 9-12 所示。

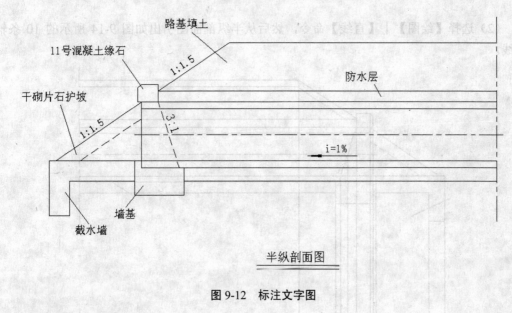

图 9-12　标注文字图

9.1.3　绘制平面图

1. 绘制洞身

绘制洞身的操作步骤如下。

（1）选择【修改】|【复制】命令，然后将半纵剖面图中洞身的 4 条直线以两点画线交点为基点复制到平面图中。

（2）将中间两条直线（即内管壁）置于【虚线】图层，完成洞身的绘制，如图 9-13 所示。

图 9-13　洞身图

2. 绘制作图辅助线

为了作图方便，需要绘制作图辅助线，操作步骤如下。

（1）将【辅助线】图层打开并置为当前。

(2)选择【绘图】|【直线】命令,然后从半纵剖面图引出如图 9-14 所示的 10 条辅助线。

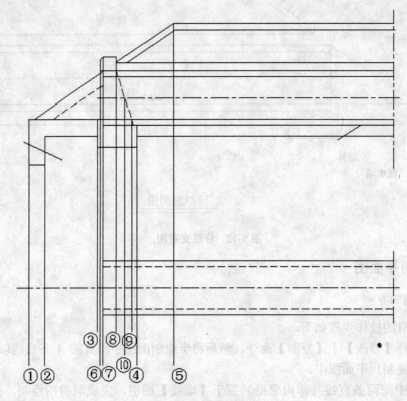

图 9-14 作图辅助线

3. 绘制基础和截水墙

绘制基础和截水墙的操作步骤如下。

(1)将【粗实线】图层置为当前。

(2)选择【绘图】|【直线】命令,然后自 A 点(即第 4 条辅助线与外管壁的交点)开始垂直向上 85、水平向左 200.5、垂直向下 265、水平向右 200.5、垂直向上 85 到 B 点绘制直线。

(3)将【虚线】图层置为当前,然后选择【绘图】|【直线】命令,绘出直线 AB、CD、EF(C、D、E、F 分别为辅助 2、3 与刚刚画的线框的交点)。

绘制出的基础和截水墙如图 9-15 所示。

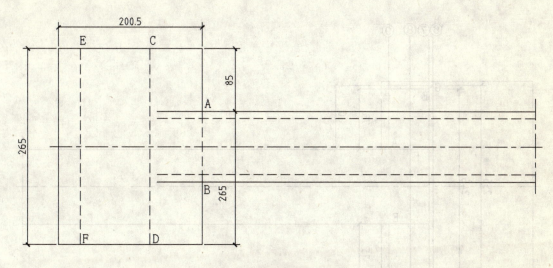

图 9-15 基础和截水墙图

4. 绘制缘石和一字墙

绘制缘石和一字墙的操作步骤如下。

(1) 将【虚线】图层关闭,然后将【粗实线】图层置为当前。

(2) 选择【绘图】|【直线】命令,然后自 A 点(辅助线 9 与管壁交点)开始,垂直向上 75、水平向右到 B 点(与辅助线 7 的交点)、垂直向下 245、水平向右到 D 点(与辅助线 9 的交点)、垂直向上 75 到 E 点绘制直线。

(3) 选择【绘图】|【直线】命令,然后自 F 点(辅助线 8 与管壁交点)开始,垂直向上 80、水平向左到 G 点(与辅助线 6 的交点)、垂直向下 255、水平向右到 I 点(与辅助线 8 的交点)、闭合到 F 点绘制直线。

绘制出的缘石和一字墙如图 9-16 所示。

5. 绘制锥坡和洞口

(1) 绘制锥坡。该操作步骤如下。

① 选择【绘图】|【椭圆弧】命令,然后以 A 点为椭圆心,分别以 127.5 和 85 为水平半轴和垂直半轴长度绘制椭圆弧。

② 选择【修改】|【镜像】命令,然后以洞身轴线为镜像线对椭圆弧进行镜像。

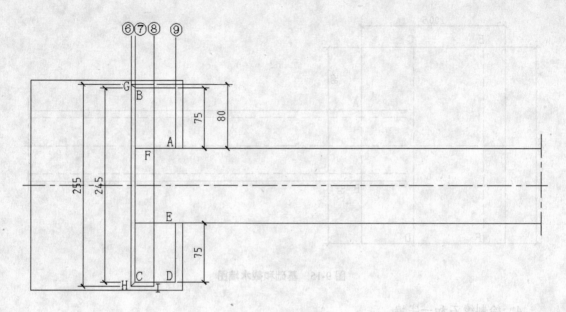

图 9-16 缘石和一字墙图

(2) 绘制洞口。该操作步骤如下。

① 将【虚线】图层置为当前,然后选择【绘图】|【直线】命令,连接直线 EF。

② 将【粗实线】图层置为当前,然后选择【绘图】|【椭圆】命令,再以 B 点(洞口轴线与辅助线 10 的交点)为椭圆心,分别以 BD 和 BC 为水平半轴和垂直半轴长度绘制椭圆。

③ 选择【修改】|【修剪】命令,将椭圆在直线 EF 之右的部分修剪掉。

④ 将【虚线】图层置为当前,然后选择【绘图】|【直线】命令,从修剪点向右水平连接到墙基线。

绘制出的锥坡和洞口如图 9-17 所示。

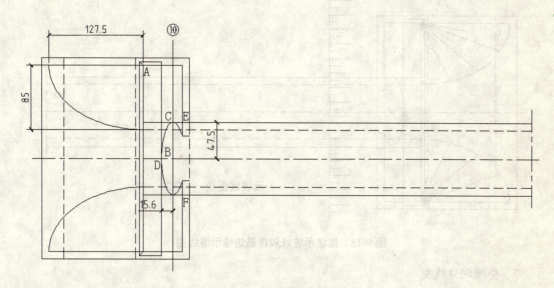

图 9-17 锥坡和洞口图

6. 绘制锥坡示坡线及路基边缘示坡线

（1）绘制锥坡示坡线。该操作步骤如下。

① 将【示坡线】图层置为当前。

② 选择【绘图】|【构造线】命令，然后对锥坡的椭圆弧所对的直角进行 8 等分，即绘制出 7 条构造线。

③ 选择【修改】|【修剪】命令，然后对 7 条构造线进行修剪形成锥坡示坡线。

④ 选择【修改】|【镜像】命令，然后以洞身轴线为镜像线对刚形成的锥坡示坡线进行镜像。

（2）绘制路基边缘示坡线。该操作步骤如下。

① 选择【绘图】|【直线】命令，绘制如图 9-18 中所示的"示坡线图块"图形（水平线长度为 30、15，间距为 10）。

② 选择【绘图】|【图块】命令，将刚绘制出的示坡线图形定义块名为"spx"。

③ 选择【绘图】|【点】|【定距等分】命令，然后指定线段长度为 20，再在测量点处插入"spx"。

绘制出的锥坡示坡线和路基边缘示坡线如图 9-18 所示。

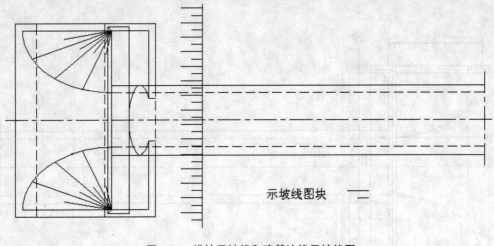

图 9-18　锥坡示坡线和路基边缘示坡线图

7. 整理洞口线型

整理洞口线型的操作步骤如下。

（1）选择【修改】|【打断于点】命令，然后将椭圆弧在 B 点和 E 点打断。
（2）选择【修改】|【打断于点】命令，然后将外管壁在 B 点和 E 点打断。
（3）将椭圆弧 AB、DE 及直线 BC、EF 置于【虚线】图层。

整理出的洞口线型如图 9-19 所示。

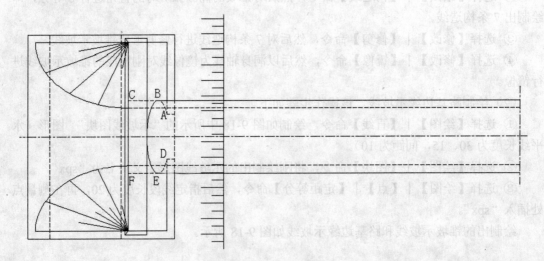

图 9-19　洞口线型图

8. 标注尺寸和文字

标注尺寸的操作为：将【尺寸标注】图层置为当前，然后标注出如图 9-20 所示的尺寸。

标注文字的操作为：将【文字标注】图层置为当前，然后标注如图 9-20 所示的文字。

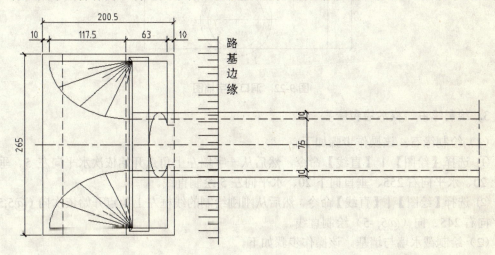

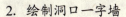

图 9-20 标注尺寸和文字图

9.1.4 绘制洞口正面图

1. 绘制洞身

绘制洞身的操作步骤如下。

（1）将【粗实线】图层置为当前。

（2）选择【绘图】|【圆】命令，然后以侧面图中两点画线交点为圆心，分别以 75 和 95 为直径绘制两同心圆即完成洞身绘制，如图 9-21 所示。

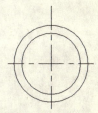

图 9-21 洞身图

2. 绘制洞口一字墙

绘制洞口一字墙的操作步骤如下。

（1）选择【绘图】|【直线】命令。

（2）从洞身外壁上边缘象限点开始，水平向左 122.5、垂直向下 85、水平向右 245、垂直向上 85 绘制出洞口一字墙，如图 9-22 所示。

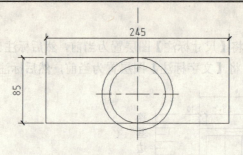

图 9-22 洞口一字墙图

3. 绘制缘石、截水墙和墙基

(1) 绘制缘石。该操作步骤如下。

① 选择【绘图】|【直线】命令,然后从一字墙左上角点开始依次水平向左 5、垂直向上 20、水平向右 255、垂直向下 20、水平向左 5 绘制直线。

② 选择【绘图】|【直线】命令,然后从刚刚绘制的线框左上角点开始依次向(@5,5)、水平向右 245、向(@5,-5)绘制直线。

(2) 绘制截水墙与墙基。该操作步骤如下。

① 选择【绘图】|【直线】命令,然后从一字墙左下角点开始依次水平向左 5、垂直向下 80、水平向右 265、垂直向上 80、水平向左 10 绘制直线。

② 将【虚线】图层置为当前,然后选择【绘图】|【直线】命令,再自截水墙外轮廓左下角点向上偏移 30 开始,水平向右 265 绘制直线。

③ 选择【修改】|【偏移】命令,然后将刚绘制的虚线向上偏移 20。

绘制出的缘石、截水墙和墙基如图 9-23 所示。

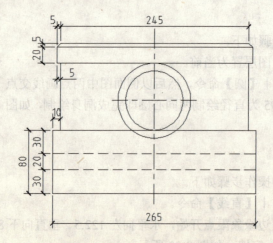

图 9-23 缘石、截水墙和墙基图

4. 绘制锥坡、路基边缘线和示坡线

(1) 绘制锥坡。该操作步骤如下。

① 将【粗实线】图层置为当前，然后选择【绘图】|【直线】命令，连接 AB 直线（A 点为一字墙左上角点，B 点为外管壁左侧与截水墙交点）。

② 将【辅助线】图层置为当前，然后选择【绘图】|【圆弧】命令，以 A 为圆心、AC 为半径绘制 CD 圆弧。

③ 选择【绘图】|【圆】命令，以 A 为圆心、AC 的一半为半径绘制圆。

④ 将【示坡线】图层置为当前，然后选择【绘图】|【点】命令，将 CD 圆弧三等分。

⑤ 选择【绘图】|【直线】命令，然后自 A 点分别连接每个等分点，并延长至截水墙形成 3 个角。

⑥ 选择【绘图】|【构造线】命令，将每个角等分。

⑦ 选择【修改】|【修剪】命令，将构造线修剪。

⑧ 关闭【辅助线】图层，选择【修改】|【镜像】命令，然后以垂直方向点画线为镜像线对锥坡进行镜像，即完成锥坡的绘制。

(2) 绘制路基边缘线。该操作步骤如下。

① 将【粗实线】图层置为当前。

② 选择【绘图】|【直线】命令，然后从纵剖面图路基边缘线追踪绘制出上边缘线。

(3) 绘制示坡线。此绘制步骤和平面图中的绘制示坡线的步骤相同，这里不再介绍。

绘制出的锥坡、路基边缘线和示坡线如图 9-24 所示。

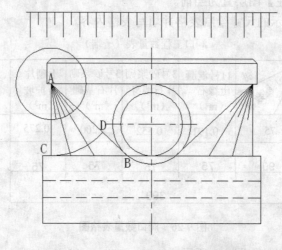

图 9-24 锥坡、路基边缘线和示坡线图

5. 标注尺寸和文字

标注尺寸的操作为：将【尺寸标注】图层置为当前，然后标注如图 9-25 所示的尺寸。

标注文字的操作为：将【文字标注】图层置为当前，然后标注如图 9-25 所示的文字。

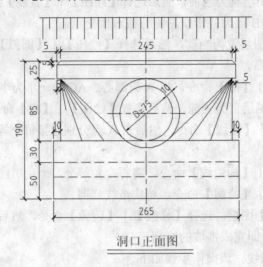

图 9-25 标注尺寸和文字图

6. 绘制洞口数量表格和书写文字

绘制洞口数量表和书写文字说明的操作如下。

（1）将【文字标注】图层置为当前。

（2）按图 9-26 所示的尺寸绘制表格并填写表格内容。

洞口工程数量表（一端）

项别 / 工程数量 / 管径	11号混凝土缘石（m³）	3号砂浆砌片石墙身（m³）	3号砂浆砌片石基础（m³）	干砌片石护坡（m³）
75	0.191	0.552	2.200	0.275

90 75 75 75 75

390

70 35

图 9-26 洞口数量表格图

（3）书写文字说明，如图 9-1 所示。

9.2 T型梁钢筋结构图

钢筋结构图主要用于表示构件内部钢筋的布置情况。它由立面图、钢筋成型图和断面图组成。本节将以图9-27为例来介绍T型梁钢筋结构图的绘制过程。

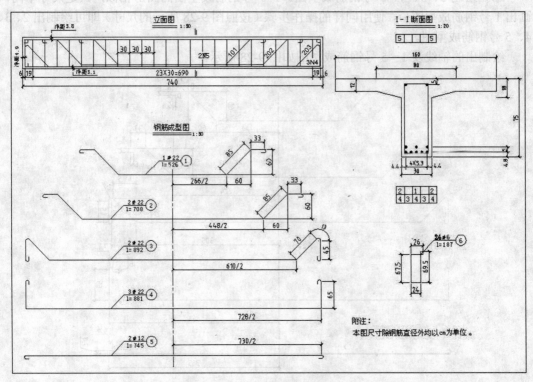

图 9-27 T型梁钢筋结构图

9.2.1 绘制钢筋成型图

1. 绘制轴线和1~5号钢筋成型图

（1）绘制轴线。该操作步骤如下。

① 将【点画线】图层置为当前。

② 选择【绘图】|【直线】命令，绘制出钢筋成型图的轴线作为绘图的基准线。

（2）绘制1号钢筋成型图。该操作步骤如下。

① 将【粗实线】图层置为当前，然后选择【绘图】|【直线】命令，再从点画线开始，

水平向右 133、向（@60,60）、水平向右 33 绘制直线。

② 选择【绘图】|【直线】命令，绘制直线 CD。

③ 选择【修改】|【圆角】命令，然后在平行线 AB、CD 的 A、C 段作圆角。

④ 选择【修改】|【镜像】命令，然后以点画线为镜像线镜像出另外一半，即完成 1 号钢筋成型图的绘制。

（3）绘制 2、3、4、5 号钢筋成型图。1~5 号钢筋成型图的图形相似，只是尺寸不同，画出 1 号钢筋成型图后，使用同样的操作步骤（按照图 9-28 所示的尺寸）即可绘制出 2、3、4、5 号钢筋成型图。

绘制出的轴线及 1~5 号钢筋成型图如图 9-28 所示。

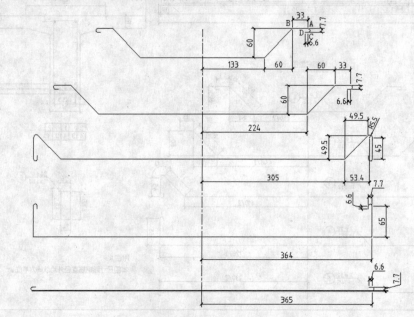

图 9-28 钢筋成型图

2. 绘制箍筋（6 号钢筋）成型图

为了在图中清楚的表示出箍筋的形状，需对箍筋采用夸大画法，先选择【绘图】|【直线】命令，然后按照图 9-29 所示的尺寸即可绘制出箍筋。

3. 标注尺寸

标注尺寸时，需先将【尺寸标注】图层置为当前，然后按照图 9-30 所示的尺寸即可标注出钢筋成型图的尺寸。这里需要注意

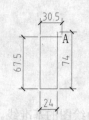

图 9-29 箍筋成型图

的是，在标注箍筋尺寸时不能标注 30.5 和 74，而要标注原长大小，即 26 和 69.5。

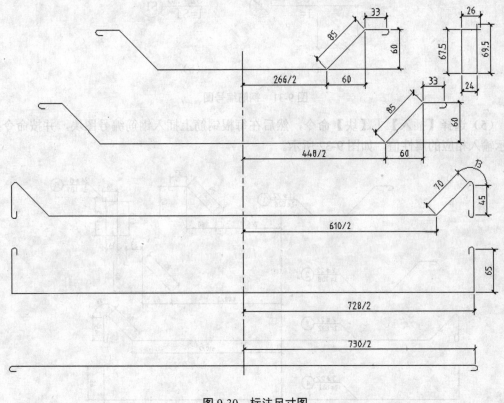

图 9-30 标注尺寸图

4．添加钢筋编号

添加钢筋编号的操作步骤如下。

（1）将【粗实线】图层置为当前，然后按照图 9-31（a）所示图形中标注出的尺寸绘制出钢筋编号图形。

（2）将【文字标注】图层置为当前，然后在图形的水平线上下书写文字，如图 9-31（a）所示。

（3）定义出 S1、S2、S3 和 S4 这 4 个属性，如图 9-31（b）所示。其中，S1 为钢筋编号、S2 为根数、S3 为钢筋直径、S4 为钢筋的断料长度。

（4）选择【绘图】|【图块】命令，然后将图 9-31（b）所示的图形定义为钢筋编号图块。

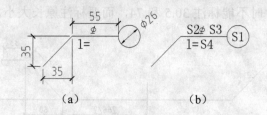

图 9-31　钢筋编号图

（5）选择【插入】|【块】命令，然后在每根钢筋上插入钢筋编号图块，并按命令行提示输入相应的属性值，如图 9-32 所示。

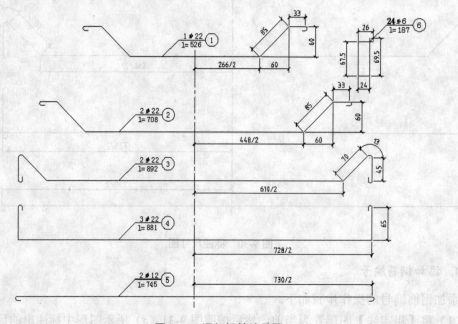

图 9-32　添加钢筋编号图

9.2.2　绘制立面图

1．形成钢筋骨架

由钢筋成型图形成钢筋骨架的操作步骤如下。

（1）选择【修改】|【复制】命令，然后将 3 号钢筋和 4 号钢筋以对称点为基点分别复制到立面图位置。

（2）选择【修改】|【复制】命令，然后将 1 号钢筋和 2 号钢筋以对称点为基点复制到 3、4 号钢筋之上，距离为 5。

(3)选择【修改】|【复制】命令,然后将 5 号钢筋以对称点为基点复制到 1、2 号钢筋之上,距离为 61.4,如图 9-33 所示。

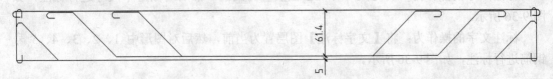

图 9-33 形成钢筋骨架图

(4)对图 9-33 所示图形两端的弯钩部分进行整理和简化,结果如图 9-34 所示。

图 9-34 钢筋骨架的整理和简化图

2. 绘制混凝土轮廓线和箍筋

绘制混凝土轮廓线和箍筋的操作步骤如下。

(1)绘制混凝土轮廓线。该操作步骤如下。

① 将【细实线】图层置为当前。

② 选择【绘图】|【直线】命令,然后从 A 点向左偏移 6、向下偏移 4.2 的点开始依次垂直向上 75、水平向右 740、垂直向下 75、水平向左 740 绘制连续直线。

(2)绘制箍筋。该操作步骤如下。

① 选择【绘图】|【直线】命令,然后单击【对象捕捉】工具栏中的【捕捉自】按钮,再从 A 点向右偏移 19 的点开始垂直向上 66.4 绘制直线。

② 选择【修改】|【阵列】命令,然后将刚绘制出的直线作 1 行 24 列矩形阵列,列间距为 30。

绘制出的混凝土轮廓线和箍筋如图 9-35 所示。

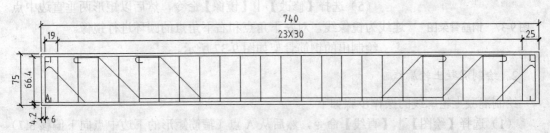

图 9-35 混凝土轮廓线和箍筋图

3. 标注尺寸与文字

标注尺寸的操作为：将【尺寸标注】图层置为当前，然后对图形中尺寸进行标注，如图 9-36 所示。

标注文字的操作为：将【文字标注】图层置为当前，然后对图形中 1、2、3、4、5 号钢筋进行标注，如图 9-36 所示。

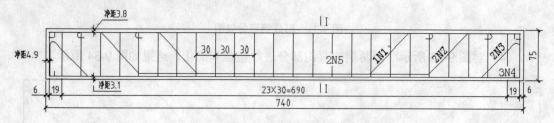

图 9-36 标注尺寸和文字图

9.2.3 绘制断面图

1. 绘制钢筋骨架

绘制钢筋骨架的操作步骤如下。

（1）将【粗实线】图层置为当前，然后选择【绘图】|【矩形】命令，绘制出"24×67.5"的矩形。

（2）选择【绘图】|【圆环】命令，然后单击【对象捕捉】工具栏中的【捕捉自】按钮，再以矩形的左下角点向右、上各偏移 1.4 的点为圆心，绘制出外径为 2.8 的实心圆环。

（3）选择【修改】|【阵列】命令，然后将圆环作两行五列的矩形阵列（行间距为 5，列间距为 5.3）。

（4）选择【修改】|【删除】命令，删除阵列第一行中的第二个和第四个圆环。

（5）选择【修改】|【镜像】命令，然后以矩形两垂直边中点连线为镜像线，对左下角点和右下角点的圆环进行镜像。

绘制出的钢筋骨架如图 9-37 所示。

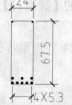

图 9-37 钢筋骨架图

2. 绘制混凝土轮廓线

绘制混凝土轮廓线的操作步骤如下。

（1）选择【绘图】|【直线】命令，然后从 A 点（箍筋矩形的下边中点向下偏移 3.7）开始，依次水平向右 15、垂直向上 57 到 B 点绘制直线。

(2)选择【绘图】|【直线】命令,然后从 C 点(箍筋矩形的上边中点向上偏移 3.8)开始,依次水平向右 80、垂直向下 12、水平向左 40 到 B 点绘制右侧外轮廓线。

(3)选择【修改】|【镜像】命令,然后以 AC 连线为镜像线,将右侧的外轮廓线镜像到左侧。

绘制出的混凝土轮廓线如图 9-38 所示。

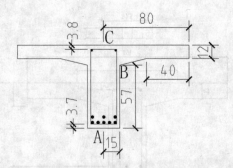

图 9-38 混凝土轮廓线图

3. 标注尺寸

在钢筋结构图中,钢筋成型图和立面图是采用 1∶50 的比例绘制的,而断面图为表示的更清楚,则采用 1∶20 的比例绘制。因此,在绘制断面图时,先使用 1∶50 的比例绘制断面图,然后通过尺寸标注将其绘制比例调整为 1∶20。

对断面图进行尺寸标注的操作步骤如下。

(1)将【尺寸标注】图层置为当前,然后以【公路】标注样式为基础,创建【断面图】标注样式(对其中的各设置项不做任何修改),再单击【置为当前】按钮,最后对断面图中尺寸进行标注,如图 9-39 所示。

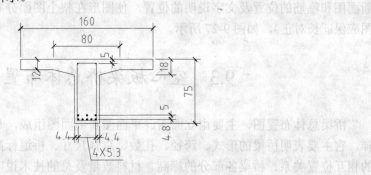

图 9-39 1∶50 标注尺寸图

(2)选择【修改】|【缩放】命令,然后将断面图以图形的右下角为基点放大 2.5 倍。

(3) 在【修改标注样式】对话框中，单击【主单位】选项卡，在其下的【比例因子】文本框输入"0.4"，然后单击【确定】按钮即可得到如图 9-40 所示的图形。

(4) 将【粗实线】图层置为当前，然后在断面图的上方绘制出一行五列（尺寸为"40×8"）的表格，再在断面图下方绘制出两行五列（尺寸为"40×16"）的表格，最后在表格中填写数字，如图 9-40 所示。

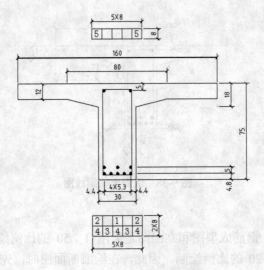

图 9-40　1：20 标注尺寸图

4. 标注文字和调整图面

标注文字时，需将【文字标注】图层置为当前，然后标注图名和比例及附注说明。

调整图面时，需选择【修改】|【移动】命令，然后适当调整立面图、钢筋成型图、断面图和箍筋的位置及文字说明的位置，使图形在整个图面分布协调（立面图和钢筋成型图应保证长对正），如图 9-27 所示。

9.3　空心板梁桥总体布置图

桥梁总体布置图，主要由立面图、平面图和剖面图组成，是指导桥梁施工的最主要图样。它主要表明桥梁的形式、跨径、孔数、总体尺寸、桥道标高、桥面宽度、各主要构件的相互位置关系、桥梁各部分的标高、材料数量及总的技术说明等，作为施工时确定墩台位置、安装构件和控制标高的依据。本节将以图 9-41 为例来介绍空心板梁桥总体布置图的绘制过程。

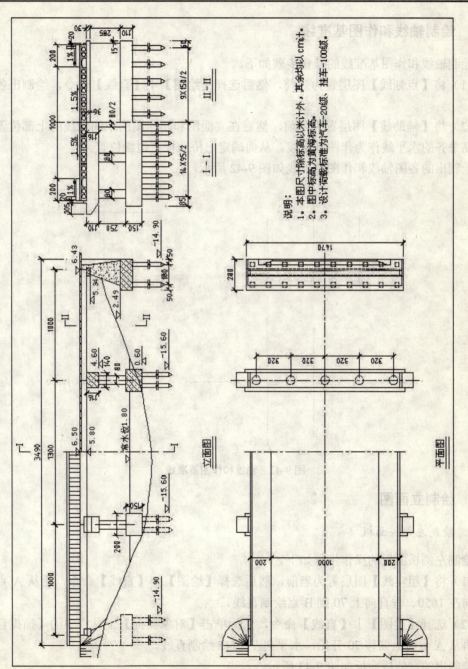

图 9-41 空心板梁桥总体布置图

9.3.1 绘制轴线和作图基准线

绘制轴线和作图基准线的操作步骤如下。

（1）将【点划线】图层置为当前，然后选择【绘图】|【直线】命令，绘制出各图的轴线。

（2）将【辅助线】图层置为当前，然后在立面图和断面图的中间轴线的上部位置绘制两条高平齐的水平线作为作图基准线，从而确定出桥面板下边缘位置。

绘制出的各图轴线和作图基准线如图 9-42 所示。

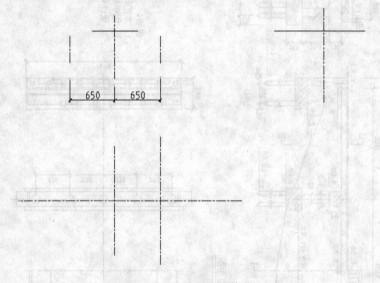

图 9-42 轴线和作图基准线

9.3.2 绘制立面图

1. 绘制左侧桥面板

绘制左侧桥面板的操作步骤如下。

（1）将【粗实线】图层置为当前，然后选择【绘图】|【直线】命令，再从 A 点开始水平向左 1650、垂直向上 70 到 B 点绘制直线。

（2）选择【绘图】|【直线】命令，然后单击【对象捕捉】工具栏中的【捕捉自】按钮，再从 A 点向上偏移 70 开始，水平向左 1745 绘制直线。

绘制出的左侧桥面板如图 9-43 所示。

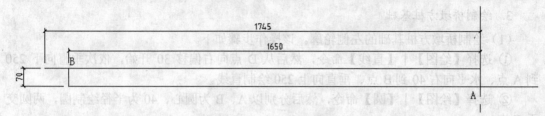

图 9-43 左侧桥面板图

2. 绘制 1 号桥墩

（1）绘制桥墩墩帽。该操作步骤如下。

① 选择【绘图】|【直线】命令，然后从 A 点（桥面板下边缘与 1 号桥墩轴线交点）向左偏移 70 开始，依次垂直向上 30、水平向右 140、垂直向下 70、水平向左 140（B 点）、垂直向上 40 绘制直线。

② 选择【绘图】|【直线】命令，从 B 点开始依次垂直向下 70、水平向右 140、垂直向上 70 绘制直线。

（2）绘制桥墩立柱。该操作步骤如下。

① 选择【绘图】|【直线】命令，然后从 C 点向左偏移 40 开始，垂直向下 250 到 D 点绘制直线。

② 选择【修改】|【偏移】命令，然后将刚刚绘制出的直线向右偏移 80。

（3）绘制桥墩承台。该操作步骤如下。

① 选择【绘图】|【直线】命令。

② 从 D 点向左偏移 60 开始，依次垂直向下 150、水平向右 200、垂直向上 150、水平向左 200 绘制直线。

绘制出的 1 号桥墩如图 9-44 所示。

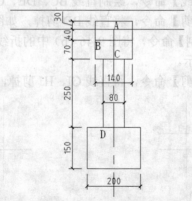

图 9-44 1 号桥墩图

3. 绘制桥墩方桩基础

(1) 绘制桥墩方桩基础的左侧轮廓。该操作步骤如下。

① 选择【绘图】|【直线】命令,然后从 D 点向右偏移 30 开始,依次垂直向下 250 到 A 点、水平向右 40 到 B 点、垂直向上 250 绘制直线。

② 选择【绘图】|【圆】命令,然后分别以 A、B 为圆心、40 为半径绘制圆,两圆交于 C 点。

③ 选择【绘图】|【直线】命令,绘制直线 AC、BC。

④ 选择【修改】|【删除】命令,删除两个圆。

⑤ 选择【绘图】|【直线】命令,然后从 A 点向上 110、向左 20 开始,水平向右 80 绘制直线,如图 9-45 所示。

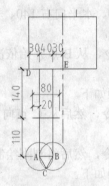

图 9-45　桥墩方桩基础的左侧轮廓图

(2) 桥墩方桩的断开画法。绘制桥墩方桩时,应按照道路工程绘图习惯采用断开画法。其操作步骤如下。

① 选择【绘图】|【直线】命令,绘制直线 BC、DE、CE,如图 9-46(a)所示。

② 选择【修改】|【修剪】命令,将直线 BD 剪掉,如图 9-46(b)所示。

③ 选择【修改】|【复制】命令,将图 9-46(b)中的折线 ABCDEF 垂直向下复制(距离为 10),如图 9-46(c)所示。

④ 选择【修改】|【修剪】命令,将直线 GI、HJ 剪掉,如图 9-46(d)所示。

图 9-46　断开画法过程

图 9-46 断开画法过程（续）

（3）绘制桥墩方桩基础的右侧轮廓。该操作步骤如下。

① 选择【修改】|【复制】命令。

② 将绘制好断开符号的方桩水平向右复制（距离为 100）。

绘制出的桥墩方桩基础如图 9-47 所示。

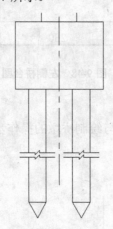

图 9-47 桥墩方桩基础图

4. 绘制左侧桥台

绘制左侧桥台的操作步骤如下。

（1）选择【绘图】|【直线】命令，然后从 A 点（即桥面板左下角点）垂直向上偏移 30 开始，依次水平向右 55、垂直向下 60、水平向左 65、垂直向上 30 绘制直线。

（2）选择【绘图】|【直线】命令，然后从 B 点开始依次垂直向下 493、水平向右 280、垂直向上 110、水平向左 280 绘制直线。

（3）选择【绘图】|【直线】命令，然后从 C 点向左偏移 40 开始到 D 点向右偏移 10 绘制直线。

绘制出的左侧桥台如图 9-48 所示。

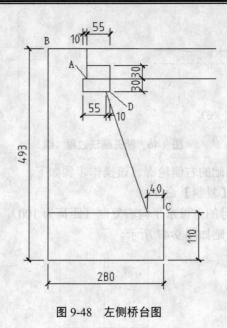

图 9-48 左侧桥台图

5．绘制桥台方桩基础

绘制桥台方桩基础的操作步骤与绘制桥墩的操作步骤相同，这里就不再作叙述。其尺寸如图 9-49 所示。

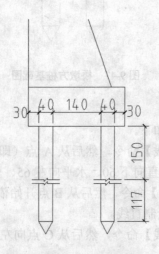

图 9-49 桥台方桩基础图

6. 绘制 2 号桥墩、右侧桥台和桥面铺装层

绘制 2 号桥墩、右侧桥台和桥面铺装层的操作步骤如下。

（1）绘制大体轮廓。该操作为：选择【修改】|【镜像】命令，将绘制好的桥梁左侧桥面、1 号桥墩、左侧桥台以中间点画线为镜像线进行镜像，如图 9-50 所示。

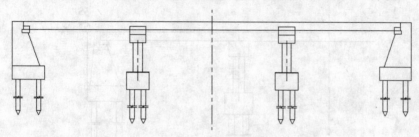

图 9-50 大体轮廓图

（2）整理图形。

① 选择【绘图】|【直线】命令，然后从 C 点（1 号桥墩上防震块上边缘中点）开始，垂直向上 40 到桥面上边缘绘制直线。

② 选择【修改】|【删除】命令，将 2 号桥墩墩帽部分的防震块和墩帽端部投影线删除。

③ 选择【绘图】|【直线】命令，然后从 2 号桥墩墩帽上边缘中点开始，垂直向上 70 到桥面上边缘绘制直线。

④ 选择【绘图】|【直线】命令，然后从 A 点向左偏移 50 开始，垂直向下 98，再到达从 B 点向左偏移 20 的点绘制直线。

整理后的图形如图 9-51 所示。

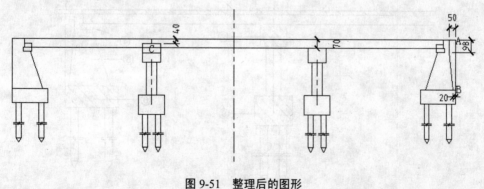

图 9-51 整理后的图形

（3）形成桥面铺装层。

① 选择【绘图】|【直线】命令,然后将桥面系最上一条线向右延长 55。
② 选择【修改】|【偏移】命令,将延长后的直线向下偏移 10。
③ 选择【修改】|【修剪】命令,将伸进桥面铺装层的线段修剪掉。

绘制出的 2 号桥墩、右侧桥台和桥面铺装层如图 9-52 所示。

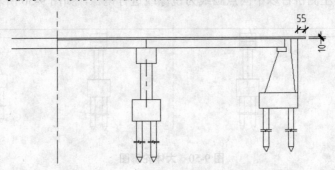

图 9-52 桥墩、右侧桥台和桥面铺装层

7. 图案填充

进行图案填充的操作步骤如下。

(1) 将【剖面线】图层置为当前,然后选择【绘图】|【图案填充】命令。
(2) 选择图案为【SACNCR】,比例为 20,对图 9-53 所示的①部分进行填充。
(3) 选择图案为【SACNCR】,比例为 15,对图 9-53 所示的②、③、⑥进行填充。
(4) 选择图案为【SACNCR】,比例为 10,对图 9-53 所示的④进行填充。
(4) 选择图案为【AR-SAND】,比例为 1,对图 9-53 所示的⑤进行填充。

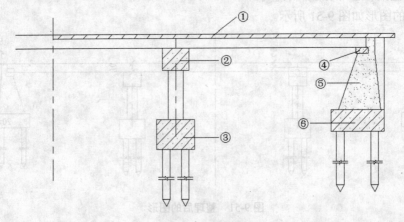

图 9-53 图案填充

8. 绘制栏杆

绘制栏杆的操作步骤如下。

（1）选择【修改】|【偏移】命令，将左侧最上一条水平线（即桥面铺装上边缘线）向上偏移100。

（2）选择【绘图】|【直线】命令，然后捕捉两条直线的左端点连接出一条长为100的垂线。

（3）选择【绘图】|【阵列】命令，然后将刚连接出的垂线进行1行44列的矩形阵列，列间距为40。

（4）选择【修改】|【偏移】命令，将最上一条水平线向上偏移20。

（5）选择【绘图】|【直线】命令，然后捕捉两条直线的左端点连接出一条长为20的垂线。

绘制出的栏杆如图9-54所示。

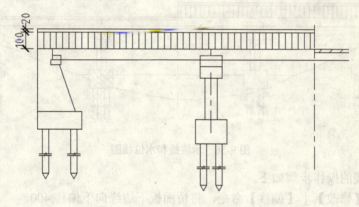

图9-54 栏杆图

9. 绘制河床线

绘制河床线的操作步骤如下。

（1）将【粗实线】图层置为当前。

（2）选择【绘图】|【样条曲线】命令，然后通过河床线在桥墩、桥台几处的控制点，用平滑的曲线绘制出河床线。

（3）选择【修改】|【打断】命令，将左侧桥台、1号桥墩与河床线相交的位置打断。

（4）将左侧桥台、1号桥墩位于河床线以下的部分置于【虚线】图层。

绘制出的河床线如图9-55所示。

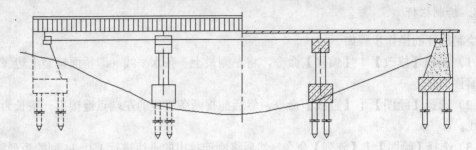

图 9-55 河床线图

10. 绘制示坡线和水位线

绘制示坡线的操作步骤与绘制涵洞中的示坡线操作步骤相同，这里不在叙述。绘制出的示坡线如图 9-56 所示。

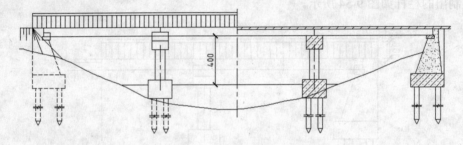

图 9-56 示坡线和水位线图

绘制水位线的操作步骤如下。

(1) 选择【修改】|【偏移】命令，将桥面板下边缘向下偏移 400。

(2) 选择【修改】|【修剪】命令，将刚偏移出的直线修剪，如图 9-56 所示。

11. 标注尺寸和文字

标注尺寸和文本的操作步骤如下。

(1) 将【尺寸标注】图层置为当前，然后选择【线性】、【连续】标注命令来标注尺寸。

(2) 将【粗实线】图层置为当前，然后选择【绘图】|【直线】命令，绘制两个断面位置符号。

(3) 将【文字标注】图层置为当前，然后选择【绘图】|【单行文字】命令，标注图名、断面编号。

标注出的尺寸和文字如图 9-57 所示。

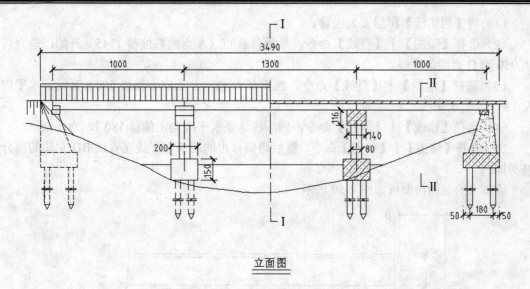

立面图

图 9-57 标注尺寸和文字

12. 标注标高

标注标高的操作步骤如下。

(1) 将【尺寸标注】图层、【文字标注】图层关闭，然后将【标高标注】图层置为当前。

(2) 选择【插入】|【块】命令，然后将标高属性块插入到图形中需要标注标高的位置，如图 9-58 所示。

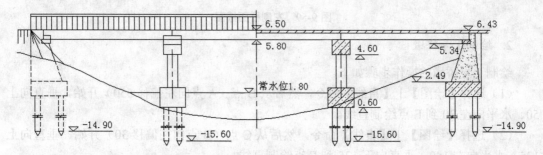

图 9-58 标注标高

9.3.3 绘制平面图

1. 绘制左侧桥面板

绘制左侧桥面板的操作步骤如下。

(1) 将【粗实线】图层置为当前。

(2) 选择【绘图】|【直线】命令，然后自 B 点（A 点向右偏移 1745）开始，垂直向上 950 到 D 点绘制直线。

(3) 选择【绘图】|【直线】命令，然后从 C 点（A 点向上偏移 500）开始，水平向左 1845 绘制水平线。

(4) 选择【修改】|【偏移】命令，然后将这条水平线向上偏移 180 和 200。

(5) 选择【修改】|【修剪】命令，然后将偏移出的两条水平线在直线 BD 左边的部分修剪掉。

绘制出的左侧桥面板如图 9-59 所示。

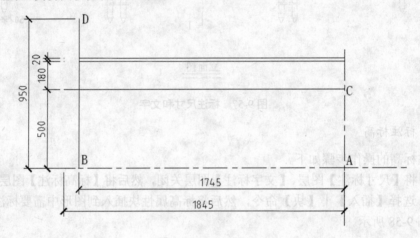

图 9-59　左侧桥面板图

2. 绘制 1 号桥墩

绘制 1 号桥墩的操作步骤如下。

(1) 选择【绘图】|【直线】命令，然后从 B 点（A 点向左偏移 550）开始，垂直向上 50、水平向左 30 到 E 点绘制直线。

(2) 选择【绘图】|【直线】命令，然后从 C 点（B 点向左偏移 30）开始，垂直向上 125、水平向左 140、垂直向下 125 到 F 点绘制直线。

(3) 选择【绘图】|【直线】命令，然后从 C 点向上 20 偏移到 D 点开始，水平向左 140 绘制直线。

(4) 选择【绘图】|【直线】命令，然后从 F 点向上 50 偏移到 G 点开始，水平向左 30、垂直向下 50 绘制直线。

绘制出的 1 号桥墩如图 9-60 所示，

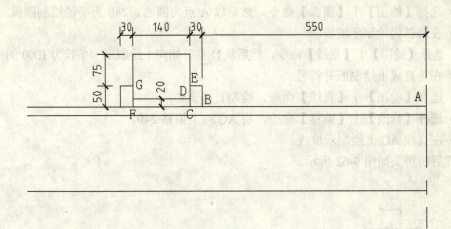

图 9-60　1 号桥墩图

3．绘制左侧桥台

绘制左侧桥台的操作步骤如下。

（1）选择【绘图】|【直线】命令，然后从 A 点（桥面板左上角点）向上 20 偏移到 B 点开始，水平向右 240 到 D 点、垂直向下 20 到 C 点绘制直线。

（2）选择【修改】|【偏移】命令，然后将直线 CD 向左偏移 95 和 150。

绘制出的左侧桥台如图 9-61 所示。

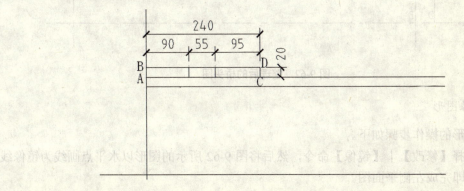

图 9-61　左侧桥台图

4．整理桥头

整理桥头的操作步骤如下。

（1）选择【绘图】|【圆弧】命令，然后以 A 点为圆心、240 为半径绘制圆弧。

（2）在圆弧内绘制示坡线。

（3）选择【绘图】|【直线】命令，然后从 D 点开始向上绘制出一条长为 1000 的垂线。

（4）在垂直线上绘制断开符号。

（5）选择【绘图】|【直线】命令，绘制直线 AC。

（6）选择【修改】|【偏移】命令，将 AC 向上偏移 240。

（7）在直线 AC 上绘制示坡线。

整理后的桥头如图 9-62 所示。

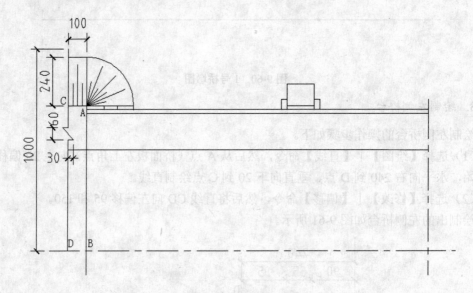

图 9-62 整理后的桥头图

5. 镜像图形

镜像图形的操作步骤如下。

（1）选择【修改】|【镜像】命令，然后将图 9-62 所示的图形以水平点画线为镜像线向下镜像，即完成左侧平面图。

（2）选择【修改】|【镜像】命令，然后将图 9-62 中的 1 号桥墩和左侧桥台以左侧垂直点画线为镜像线向右镜像，为绘制 2 号桥墩和右侧桥台做准备。

镜像后的图形如图 9-63 所示。

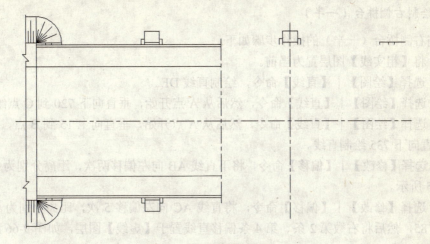

图 9-63　镜像后的图形

6. 绘制 2 号桥墩（一半）

绘制 2 号桥墩（一半）的操作步骤如下。

（1）选择【绘图】|【直线】命令，然后将镜像好的 2 号桥台中间两条垂直线的下端点连接起来。

（2）选择【修改】|【延伸】命令，然后将 4 条垂直线延长到水平点画线处。

（3）将【虚线】图层置为当前，然后选择【绘图】|【圆】命令，以两点画线交点为圆心、80 为直径绘制圆。

（4）选择【修改】|【复制】命令，将绘制好的圆复制两次。

绘制出的 2 号桥墩（一半）如图 9-64 所示。

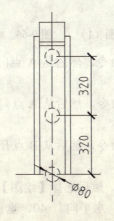

图 9-64　2 号桥墩（一半）图

7. 绘制右侧桥台（一半）

绘制右侧桥台（一半）的操作步骤如下。

（1）将【粗实线】图层置为当前。

（2）选择【绘图】|【直线】命令，绘制直线 DE。

（3）选择【绘图】|【直线】命令，然后从 A 点开始，垂直向下 720 到 C 点绘制直线。

（4）选择【绘图】|【直线】命令，然后从 A 点开始，垂直向上 15 到 B 点、水平向左 280、垂直向下 735 绘制直线。

（5）选择【修改】|【偏移】命令，将下直线 AB 向左偏移两次，距离分别为 90、155，如图 9-65 所示。

（6）选择【修改】|【偏移】命令，将直线 AC 向左偏移 5 次，距离分别为 90、10、45、10、85，然后将右数第 2 条、第 4 条偏移直线置于【虚线】图层，如图 9-66 所示。

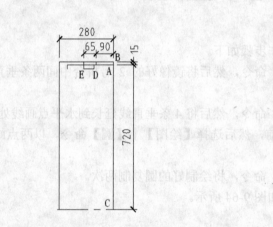 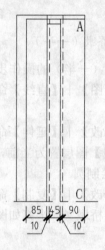

图 9-65　绘制右侧桥台（一半）图（1）　　图 9-66　绘制右侧桥台（一半）图（2）

（7）选择【绘图】|【直线】命令，然后从 A 点向左偏移 20 开始，垂直向上 487.5、水平向右 20 绘制直线。

（8）选择【绘图】|【直线】命令，然后从 A 点向左偏移 50 开始，垂直向上 615、水平向右 50 绘制直线。

（9）选择【绘图】|【直线】命令，然后从 B 点开始，到（@-30，95）绘制直线，如图 9-67 所示。

（10）将【虚线】图层置为当前，然后选择【绘图】|【直线】命令，再自 A 点（桥台左上角点）偏移（@30，-40）开始，水平向右 40、垂直向下 40、水平向左 40、垂直向上 40 绘制一个正方形。

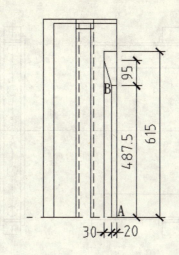

图 9-67 绘制右侧桥台（一半）图（3）

（11）选择【修改】|【阵列】命令，对正方形做 5 行 2 列的矩形阵列（行间距为 150，列间距为 180），即绘制出右侧桥台的一半，如图 9-68 所示。

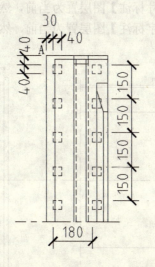

图 9-68 绘制右侧桥台（一半）图（4）

8. 镜像 2 号桥墩和右侧桥台

镜像 2 号桥墩和右侧桥台的操作为：选择【修改】|【镜像】命令，将绘制好的 2 号桥墩和右侧桥台以水平点画线为镜像线向下镜像，如图 9-69 所示。

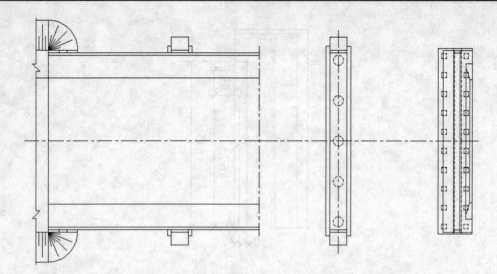

图 9-69 镜像 2 号桥墩和右侧桥台图

9. 标注尺寸和文字

标注尺寸的操作为：将【尺寸标注】图层置为当前，然后标注出如图 9-70 所示的尺寸。

标注文字的操作为：将【文字标注】图层置为当前，然后标注出如图 9-70 所示的图名。

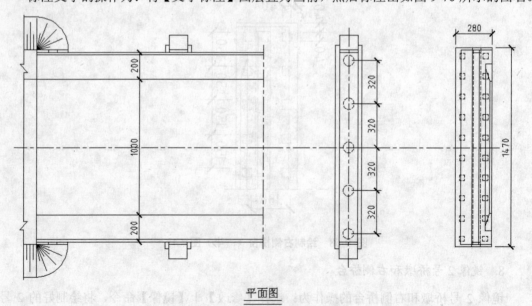

平面图

图 9-70 标注尺寸和文字图

9.3.4 绘制断面图

1. 绘制Ⅱ-Ⅱ断面（桥台部分）图

（1）绘制桥台台帽。该操作步骤如下。

① 将【粗实线】图层置为当前。

② 选择【绘图】|【直线】命令，然后从 A 点开始水平向右 700、垂直向上 30、水平向右 20、垂直向下 30、水平向右 15、垂直向下 30、水平向左 735 绘制直线，如图 9-71 所示。

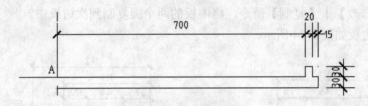

图 9-71 桥台台帽图

（2）绘制台身和承台。该操作步骤如下。

① 选择【绘图】|【直线】命令，然后自 A 点向左 15 偏移到 B 点开始，垂直向下 285 绘制直线。

② 选择【修改】|【复制】命令，将 AB 所在直线向下复制两条，长度分别为 285、395。

③ 选择【绘图】|【直线】命令，连接复制出的两条直线段端点 CD。

绘制出的台身和承台如图 9-72 所示。

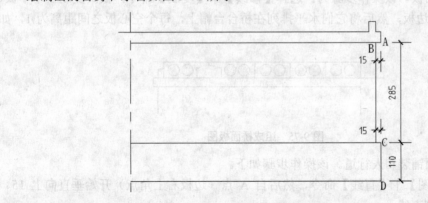

图 9-72 台身和承台图

（3）绘制空心板。

① 绘制中板。该操作步骤如下。

- 选择【绘图】|【矩形】命令，绘制"124×55"的矩形。
- 选择【绘图】|【圆】命令，以距离矩形左上角点 A 点（@-37.5，-27.5）的点为圆心、39 为直径绘制圆。
- 选择【修改】|【复制】命令，将圆向右 49 复制。

绘制出的中板如图 9-73 所示。

② 次边板。该操作步骤如下。

- 选择【绘图】|【直线】命令，然后从 A 点开始，依次垂直向上 10、水平向左 162、垂直向下 55、水平向右 119、垂直向上 35、闭合到 A 点绘制直线。
- 选择【修改】|【复制】命令，将中板的两个圆复制到次边板中。

绘制出的次边板如图 9-74 所示。

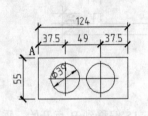
图 9-73 中板图

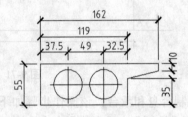
图 9-74 次边板图

③ 边板。该操作为：选择【修改】|【镜像】命令，将次边板以垂线为镜像线进行镜像即可得到边板。

（4）组成桥面板。该操作步骤为：选择【修改】|【复制】命令，依次复制 3 个中板、1 个次边板、1 个边板，然后将它们水平排列在桥台台帽上，每个空心板之间距离为 1，如图 9-75 所示。

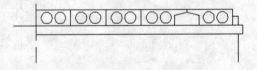
图 9-75 组成桥面板图

（5）绘制桥面铺装和人行道。该操作步骤如下。

① 选择【绘图】|【直线】命令，然后自 A 点（边板右上角点）开始垂直向上 15、水平向右 700 绘制直线。

② 选择【绘图】|【直线】命令，然后自 B 点开始依次垂直向上 31、水平向左 200、垂直向下 31 绘制直线。

③ 选择【绘图】|【直线】命令，然后自 C 点向左偏移 10 开始，依次垂直向上 89、

水平向左 25、垂直向下 89 绘制直线。

绘制出的桥面铺装和人行道如图 9-76 所示。

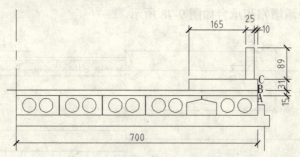

图 9-76　桥面铺装和人行道图

（6）绘制方桩基础。该操作步骤如下。

① 选择【修改】|【复制】命令，将立面图中桥台的一个方桩复制到断面图中，距离中心轴线 55。

② 选择【修改】|【阵列】命令，将复制好的方桩做 1 行 5 列的矩形阵列，列间距为 150。

绘制出的方桩基础如图 9-77 所示。

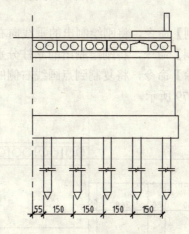

图 9-77　方桩基础图

2. 绘制 I-I 断面（2 号桥墩部分）图

（1）绘制 2 号桥墩墩帽和承台。该操作步骤如下。

① 选择【绘图】|【直线】命令，然后自 A 点开始依次水平向左 700、垂直向上 30、水平向左 20、垂直向下 30、水平向左 105、垂直向下 40、斜右 105 下 70、水平向右 720 绘制直线。

② 选择【绘图】|【直线】命令，然后自 A 点向下偏移 360 开始依次水平向左 750、垂直向下 150、水平向右 750 绘制直线。

绘制出的 2 号桥墩墩帽和承台如图 9-78 所示。

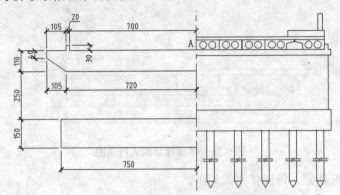

图 9-78 2 号桥墩墩帽和承台图

（2）绘制桥墩立柱。该操作步骤如下。

① 选择【绘图】|【直线】命令，然后自 A 点向右偏移 40 开始，垂直向下 250 绘制垂线。

② 选择【修改】|【复制】命令，将刚绘制出的垂线向右 80 复制，绘制出一根立柱。

③ 选择【修改】|【复制】命令，将刚绘制出的立柱分别向右 320、640 复制。

④ 选择【修改】|【删除】命令，将复制到点画线右侧的垂线删除掉。

绘制出的桥墩立柱如图 9-79 所示。

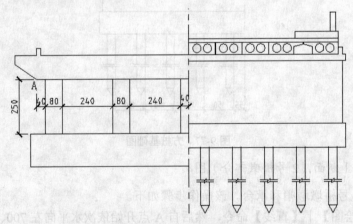

图 9-79 桥墩立柱图

（3）绘制桥墩方桩基础、桥面板、桥面铺装和人行道。该操作步骤如下。

① 选择【修改】|【复制】命令，将立面图中 2 号桥墩的一个方桩复制到断面图中，距离承台最左点 65。

② 选择【修改】|【阵列】命令，将复制好的方桩作 1 行 8 列的矩形阵列，列间距为 95。

③ 选择【修改】|【修剪】命令和【修改】|【删除】命令，把阵列到点画线以右的方桩部分修剪、删除掉。

④ 选择【修改】|【镜像】命令，将右侧的桥面板、桥面铺装和人行道以点画线为镜像线向左镜像。

绘制出的桥墩方桩基础、桥面板、桥面铺装和人行道如图 9-80 所示。

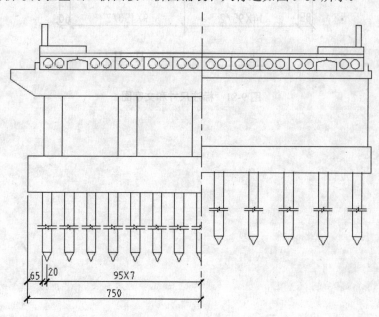

图 9-80 桥墩方桩基础、桥面板、桥面铺装和人行道图

3. 标注尺寸和文字

标注尺寸的操作为：将【尺寸标注】图层置为当前，然后标注出如图 9-81 所示的尺寸。
标注文字的操作如下。

（1）将【文字标注】图层置为当前，然后标注出如图 9-81 所示的坡度和图名。

（2）书写如图 9-41 所示的文字说明。

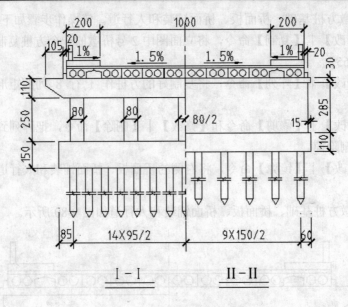

图 9-81　标注尺寸和文字图

第 10 章 建筑制图应用实例

10.1 建筑平面图

建筑平面图是房屋的水平剖面图，主要用来表示房屋的平面布置情况。在施工过程中，建筑平面图是进行放线、砌墙和安装门窗等工作的依据。

本节将以 10-1 为例来介绍建筑平面图的绘制过程。

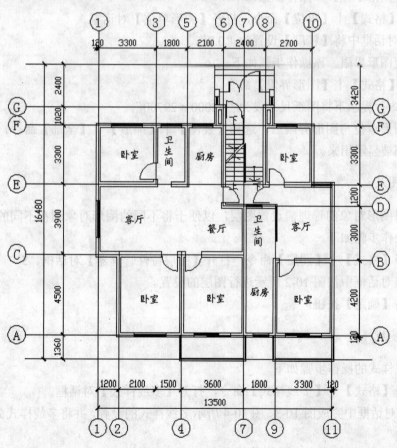

图 10-1 建筑平面图

10.1.1 绘图准备

1. 创建图形文件

创建图形文件的操作步骤如下。

（1）选择【文件】|【新建】命令，打开【选择样板】对话框。

（2）在该对话框中选择"acadiso.dwt"样板文件，然后单击【打开】按钮。

2. 设置图形单位和图形界限

（1）设置图形单位。该操作步骤如下。

① 选择【格式】|【单位】命令，打开【图形单位】对话框。

② 在该对话框中将【精度】设置为"0.0"。

（2）设置图形界限。该操作步骤如下。

① 选择【格式】|【图形界限】命令。

② 在命令行提示下将图纸尺寸设为"42000×29700"。

设置完图形单位与图形界限后，选择【视图】|【缩放】|【全部】命令，可使图形在屏幕上全部被显示出来。

3. 设置图层

为方便对图形对象的管理需设置图层，以便于将不同的图形对象画在不同的图层上。设置图层的操作步骤如下。

（1）选择【格式】|【图层】命令，打开【图层特性管理器】对话框。5

（2）在该对话框中按图 10-2 所示进行图层的设置。

（3）单击【确定】按钮。

4. 设置多线样式

设置多线样式的操作步骤如下。

（1）选择【格式】|【多线样式】命令，打开【多线样式】对话框。

（2）在该对话框中完成图 10-3、图 10-4 所示多线样式的设置，并将多线样式命名为"墙线"和"窗线"。

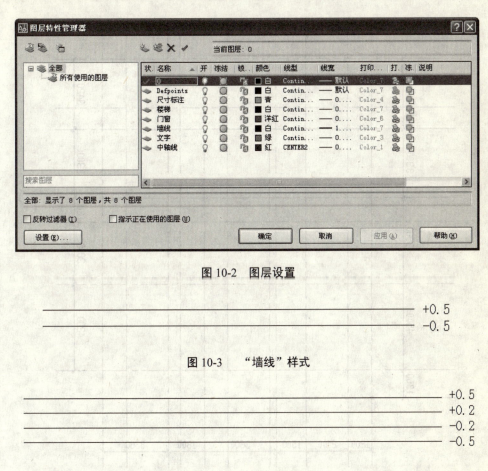

图 10-2 图层设置

图 10-3 "墙线"样式

图 10-4 "窗线"样式

10.1.2 绘制平面图

1. 绘制轴网

绘制轴网的操作步骤如下。

(1) 选择【直线】命令,然后在屏幕的适当位置以 A 点为基准,绘制出一条水平线和一条垂直线。

(2) 选择【偏移】命令,然后按照图 10-5 中所示的尺寸,经多次偏移完成轴网的绘制。

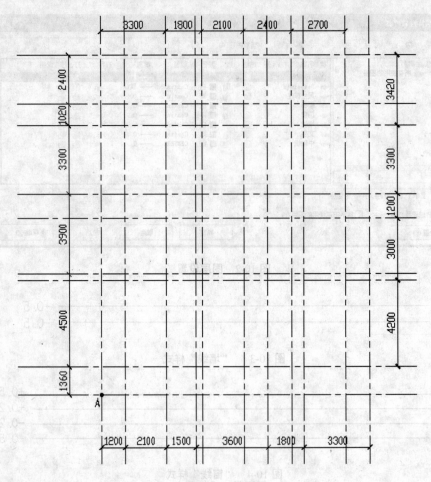

图 10-5 轴网图

2. 绘制墙体

绘制墙体的操作步骤如下。

（1）选择【绘图】|【多线】命令，然后在命令行提示下进行设置：选择对正方式为"无"、比例为"240"、多线样式为"墙线"样式。再按照图 10-6 中所示的尺寸完成除 BC 段以外墙体的绘制。

（2）选择【绘图】|【多线】命令，然后将多线比例改为 120，完成 BC 段墙体的绘制。

3. 绘制门、窗和阳台

绘制门、窗和阳台的操作步骤如下。

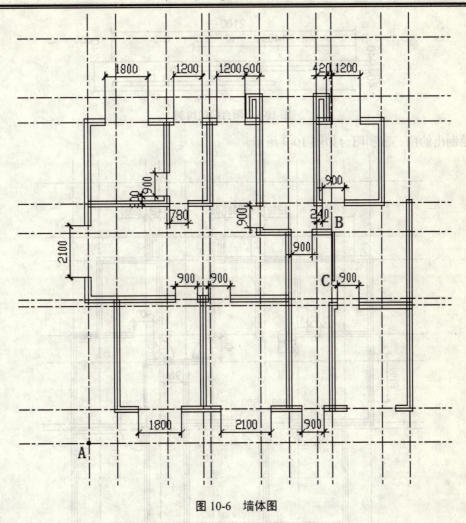

图 10-6 墙体图

（1）选择【绘图】|【多线】命令，然后在命令行提示下进行设置：选择对正方式为"无"、比例为"240"、多线样式为"窗线"样式。再按照图 10-6 中所示的尺寸完成 7 处窗户的绘制。

（2）重复上述命令，将多线比例改为"120"、样式改为"墙线"样式，完成两个阳台的绘制。

（3）按照图 10-7 中所示的尺寸，设置 M1、M2 两个图块，然后在图 10-6 中的门处插入 M1、M2 图块。

（4）按照图 10-8 中所示的尺寸，完成两个阳台里的两处推拉门的绘制。

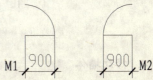

图 10-7 M1、M2 的尺寸

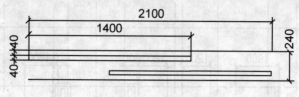

图 10-8 阳台门的绘制

绘制出的门、窗和阳台如图 10-9 所示。

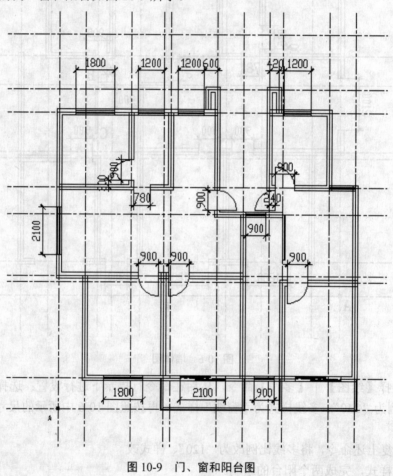

图 10-9 门、窗和阳台图

4. 修改墙体

修改墙体的操作步骤如下。

(1) 选择【修改】|【对象】|【多线】命令，打开【多线编辑工具】对话框。
(2) 在该对话框中选择【T 形合并】工具对墙体进行修改，修改后的结果如图 10-10 所示。

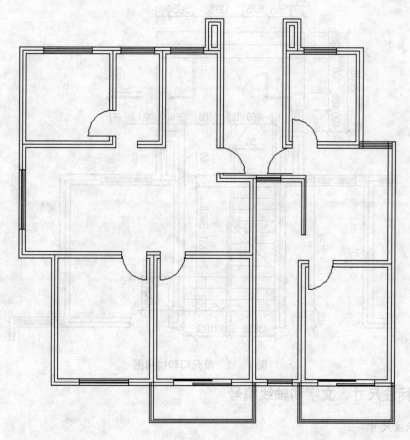

图 10-10　修改墙体图

5．绘制楼梯和单元门

绘制楼梯和单元门的操作步骤如下。

(1) 选择【直线】、【阵列】、【修剪】命令，然后按照图 10-11 中所示的尺寸，完成楼梯的绘制。
(2) 选择【直线】、【复制】、【修剪】及【圆弧】命令，然后按照图 10-11 中所示的尺寸，完成单元门的绘制。

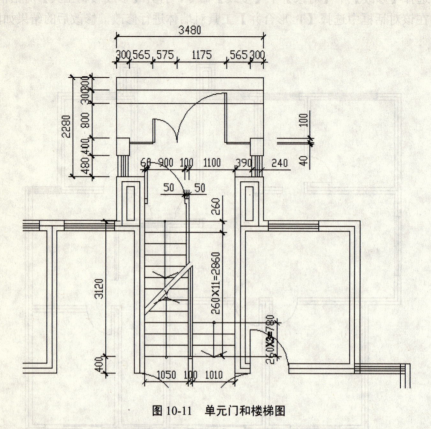

图 10-11 单元门和楼梯图

10.1.3 标注尺寸、文字和轴线编号

1. 标注尺寸

标注尺寸的操作步骤如下。

（1）选择【格式】|【标注样式】命令，打开【标注样式管理器】对话框。

（2）在该对话框中创建【建筑标注】样式，然后单击【继续】按钮，打开【新建标注样式】对话框。

（3）在该对话框中单击【符号和箭头】选项卡，在其下的【箭头】下拉列表框中选择"建筑标记"；单击【调整】选项卡，在其下的【使用全局比例】文本框中输入"100"。

（4）单击【置为当前】按钮。

（5）选择【线性】和【连续】标注命令对图形进行尺寸标注，如图 10-12 所示。

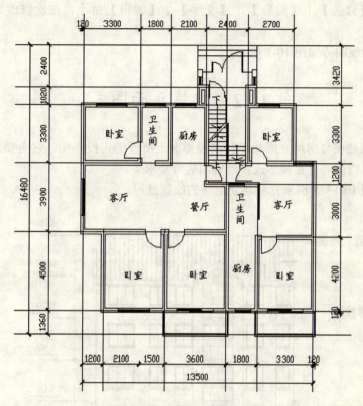

图 10-12 标注尺寸和文字图

2. 标注文字

标注文字的操作步骤如下。

(1) 选择【格式】|【文字样式】命令，创建"楷体"样式，然后进行设置：选用"楷体 GB-2312"字体，在【高度】文本框中输入 400。

(2) 选择【绘图】|【文字】|【单行文字】命令进行文字标注，如图 10-12 所示。

3. 标注轴线编号

标注轴线编号的操作步骤如下。

(1) 选择【绘图】|【圆】命令，绘制一个半径为 400 的圆。

(2) 选择【绘图】|【单行文字】命令，然后设置对正方式为"正中"，再在圆内写出编号，即绘制出一个轴线编号。

(3) 选择【修改】|【复制】命令，将已经绘制出来的编号复制到每个需要标注编号的地方。

(4)选择【修改】|【对象】|【文字】|【编辑】命令,依次修改每一个编号的内容。

标注出的轴线编号如图 10-1 所示。

10.2 建筑立面图

建筑立面图是在与房屋立面相平行的投影面上所作的正投影图。它主要用来表示房屋的体型和外貌、门窗的位置和形式及外墙面装饰要求等。

本节将以图 10-13 为例来介绍北立面图的绘制过程。

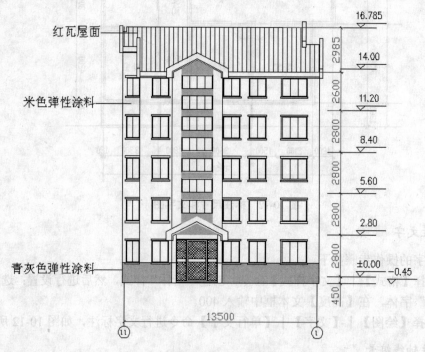

图 10-13 北立面图

10.2.1 绘图准备

1. 创建图块

在绘制立面图时,应先绘制好门窗等图块,然后在需要时插入到图形中,这样可以使作图过程简便、快捷。创建图块的操作步骤如下。

（1）选择【直线】、【偏移】、【修剪】等命令绘制出如图 10-14、图 10-15、图 10-16 和图 10-17 所示的立面图。

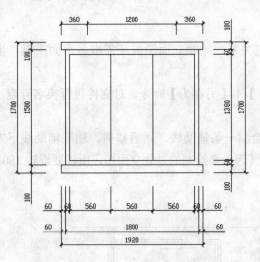

图 10-14　1 号窗（C1）立面图

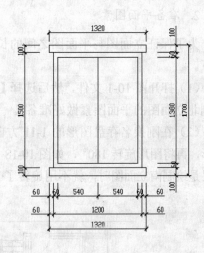

图 10-15　2 号窗（C2）立面图

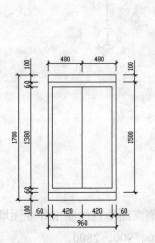

图 10-16　3 号窗（C3）立面图

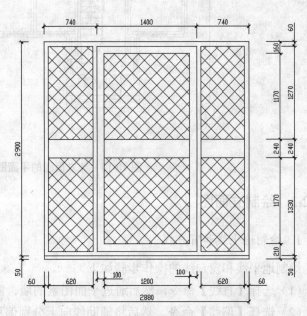

图 10-17　单元门（M1）立面图

(2) 选择【绘图】|【创建块】命令，然后将绘制出的门窗立面图创建为图块，块名分别为 C1、C2、C3 和 M1（注意图块中只要图形信息即可）。

2. 准备平面图素

为了保证立面图与平面图之间的长对正关系，绘制立面图前还需准备平面图素，步骤如下。

（1）打开图 10-1 文件，然后选择【文件】|【另存为】命令，对文件进行换名存盘（为绘制北立面图的平面图素做好准备）。

（2）在刚换名存盘图形的 1-11 方向上绘制一条辅助线，然后修剪、删除辅助线下方的图形，再将图形旋转 180°，如图 10-18 所示（因为要绘制的是北立面图，所以要旋转 180°，如果是绘制南立面图时，就不用旋转了）。

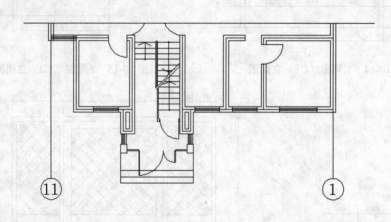

图 10-18　北立面图的平面图素

10.2.2　绘制立面图

1. 绘制地平线和窗户线

绘制地平线和窗户线的操作步骤如下。

（1）选择【直线】命令，然后通过平面图素的墙、窗外侧立面端点绘制出外立面墙线。

（2）选择【偏移】命令，然后将辅助线向上分别偏移 450、900、2800。

绘制出的地平线和窗户线如图 10-19 所示。

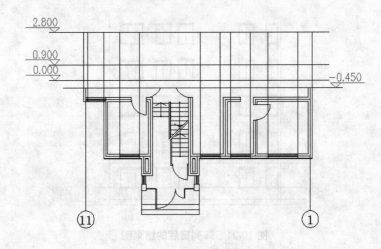

图 10-19　地平线和窗户线图

2．绘制立面窗

绘制立面窗的操作步骤如下。

（1）选择【插入块】命令，将绘图准备中各个立面窗图块（块名为 C1、C2、C3）插入到图形中，得到一层窗立面图，如图 10-20 所示。

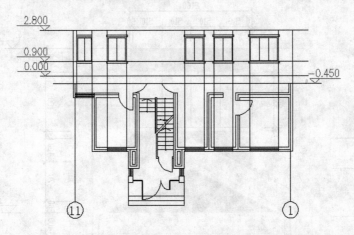

图 10-20　一层窗立面图

（2）删除平面图素和其他辅助性线条。

（3）选择【修改】|【阵列】命令，然后使用矩形阵列方式，将一层窗立面图和外墙线向上作 5 行 1 列的阵列，行间距为 2800，如图 10-21 所示。

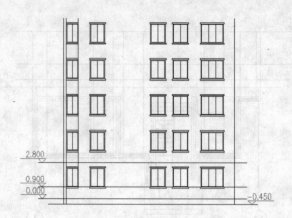

图 10-21　阵列窗后的结果图

3. 绘制单元门和楼梯窗

绘制单元门和楼梯窗的操作步骤如下。

（1）选择【插入】|【块】命令，然后将绘图准备中绘制的单元门图块（块名为 M1）插入到图形中。

（2）按照图 10-22 中所示的尺寸，绘制单元门与二楼楼梯窗，如图 10-23 所示。

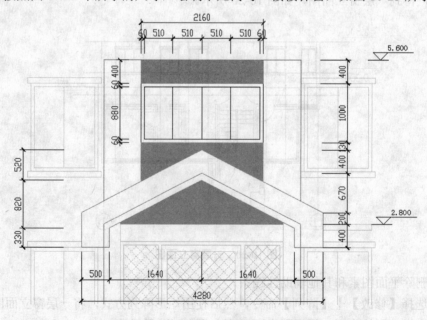

图 10-22　单元门与二楼楼梯窗的立面图

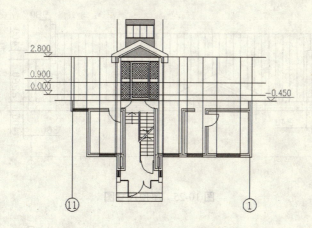

图 10-23　一、二层门和楼梯窗立面图

（3）选择【阵列】命令，然后使用矩形阵列方式，将二层楼梯窗与墙向上 7 行 1 列的阵列，行间距为 1400，如图 10-24 所示。

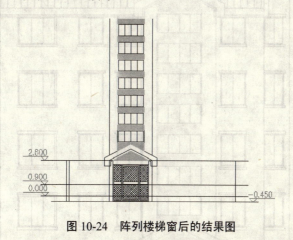

图 10-24　阵列楼梯窗后的结果图

4．绘制屋顶

绘制屋顶的操作步骤如下。

（1）选择【直线】、【偏移】、【修剪】等命令，然后按照图 10-22 中所示的尺寸，绘制屋顶立面图中的楼梯窗。

（2）选择【直线】、【偏移】、【修剪】、【阵列】等命令，然后按照图 10-25 中所示的尺寸，绘制屋顶立面图（绘图时注意屋顶的最下端在五层楼顶下 600mm 处），如图 10-26 所示。

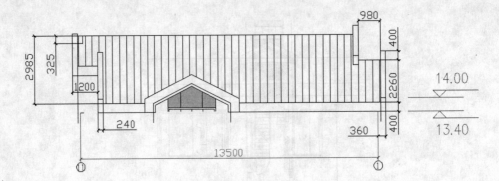

图 10-25 屋顶尺寸图

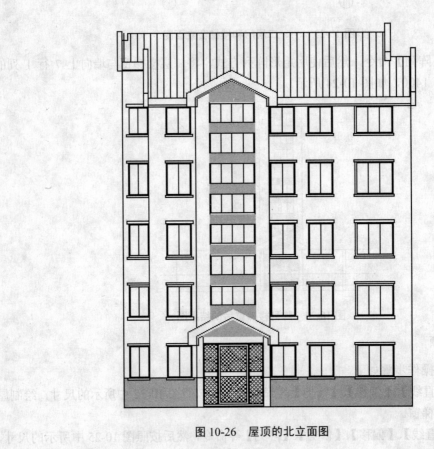

图 10-26 屋顶的北立面图

10.2.3 标注图形

1. 标注尺寸和轴线编号

标注尺寸的操作步骤为：选择【线性】和【连续】标注命令，然后标注图 10-13 中所示的尺寸。

标注轴线编号的操作步骤与平面图中标注轴线编号的操作步骤相同，这里不再叙述。标注出的轴线编号如图 10-13 所示。

2. 标注标高

建筑立面图要标注室内地面、窗等处的标高，步骤如下。
（1）选择【插入】|【块】命令，然后指定插入的块名为"标高"。
（2）在命令行提示输入属性值时，输入具体的标高即可标注出一个标高符号。
（3）选择【修改】|【复制】命令，在其他需要标出标高符号的位置进行复制。
（4）依次双击复制出的图块，在弹出的【增强属性编辑器】对话框中更改具体的标高值，如图 10-13 所示。

3. 标注文字

标注文字的操作步骤如下。
（1）选择【格式】|【文字样式】命令，创建【宋体】样式，然后进行设置：选用"宋体"字体，在【高度】文本框中输入"500"。
（2）选择【绘图】|【文字】|【单行文字】命令进行文字标注，如图 10-13 所示。

10.3 建筑剖面图

建筑剖面图是房屋的垂直剖面图。它主要用来表示房屋内部的分层、结构形式、构造方式和各部件间的联系及其高度等情况。建筑剖面图与建筑平面图、建筑立面图互相配合，表示房屋的全局，它们是房屋施工中最基本的图样。

本节将以图 10-27 为例来介绍建筑剖面图的绘制过程。

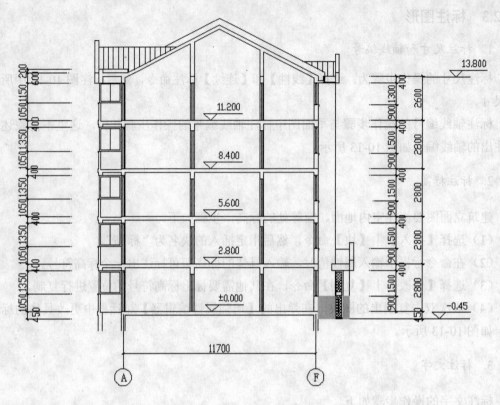

图 10-27　Ⅰ-Ⅰ剖面图

10.3.1　绘图准备

1．绘制剖切符号

剖切符号需绘制在底层平面图中，操作步骤如下。

（1）打开图 10-1 文件，然后选择【文件】|【另存为】命令，对文件进行换名存盘（为绘制剖切符号做好准备）。

（2）选择【多段线】命令，然后设置"线宽"为 250，在剖切位置绘制多段线。

（3）选择【绘图】|【文字】|【单行文字】命令，输入文字"Ⅰ"。

（4）选择【修改】|【镜像】命令，将绘制好的多段线和文字一起沿平面图前后端连线的中点进行镜像。

绘制出的剖切符号如图 10-28 所示。

第 10 章 建筑制图应用实例　　235

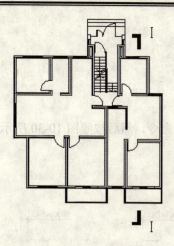

图 10-28　剖切符号图

2. 准备平面图素

准备平面图素的操作步骤如下。

（1）选择【直线】命令，将剖切符号用直线连接。

（2）选择【修剪】、【删除】命令，将与剖切方向相反的图形对象修剪、删除掉。为了绘制方便，将与剖切方向相同但不在剖面上的对象也删除掉，然后将图形顺时针旋转 90°。

（3）选择【直线】命令，通过平面图素的墙轴线作出地平线，为下一步做剖面图做好准备。

准备出的平面图素如图 10-29 所示。

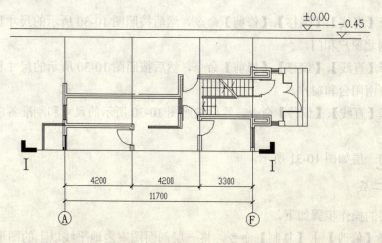

图 10-29　准备出的平面图素

10.3.2 绘制剖面图

1. 绘制一层

绘制一层的操作步骤如下。

（1）选择【直线】、【偏移】命令,然后按照图 10-30 所示的尺寸和刚准备出的平面图素绘制一层楼板。

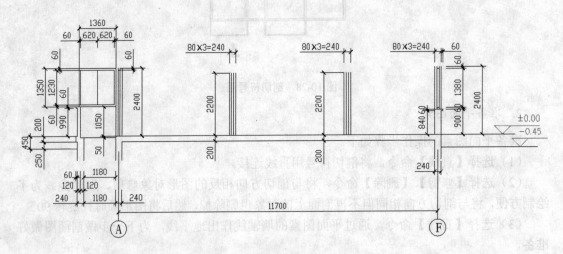

图 10-30 一层剖面图的部分尺寸

（2）选择【直线】、【偏移】、【修剪】命令,然后按照图 10-30 所示的尺寸和刚准备出的平面图素绘制北窗户和门。

（3）选择【直线】、【偏移】、【修剪】命令,然后按照图 10-30 所示的尺寸和刚准备出的平面图素绘制南阳台和窗户。

（5）选择【直线】、【偏移】命令,然后按照图 10-30 所示的尺寸和刚准备出的平面图素绘制墙体。

绘制出的一层如图 10-31 所示。

2. 绘制二层

绘制二层的操作步骤如下。

（1）选择【修改】|【复制】命令,将一层剖面图室内地平线以上的图形复制,距离

为 2800，如图 10-32 所示。

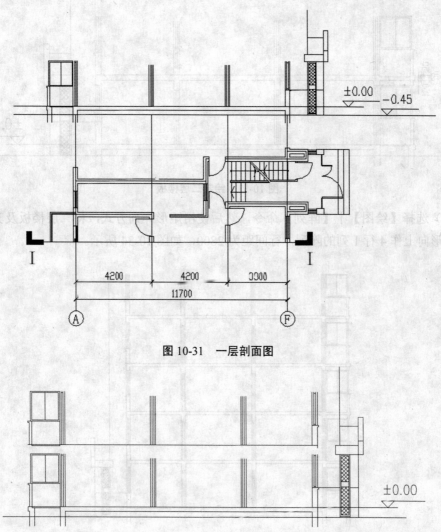

图 10-31　一层剖面图

图 10-32　复制得到的部分二层剖面图

（2）在二层与一层之间，选择【绘图】|【直线】命令，然后通过对象捕捉、对象追踪的方式绘制二层楼板的轮廓线，如图 10-33 所示。

3. 绘制三、四、五层

绘制三、四、五层的操作步骤如下。

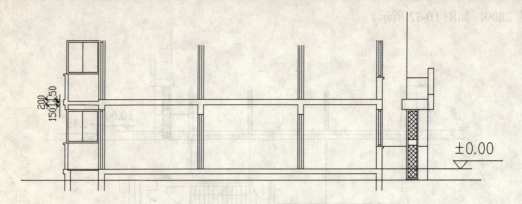

图 10-33　绘制二层楼板

（1）选择【绘图】|【阵列】命令，然后使用矩形阵列方式，将二层楼板及其上方的所有图形向上作 4 行 1 列的阵列，行间距为 2800，如图 10-34 所示。

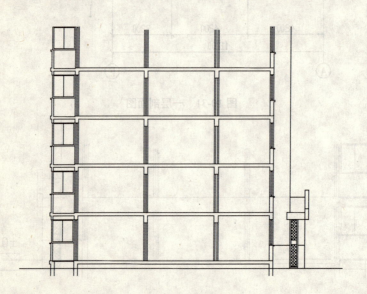

图 10-34　阵列其他各层

（2）阵列完成后，选择【修改】|【拉伸】命令，然后将第五层的阳台门和窗的上端点向下拉伸 200，如图 10-35 所示。

4．绘制屋顶

绘制屋顶的操作步骤如下。

(1)选择【绘图】|【直线】命令,然后通过对象捕捉、对象追踪的方式,再按照图 10-36 所示的尺寸绘制屋顶剖面图形。

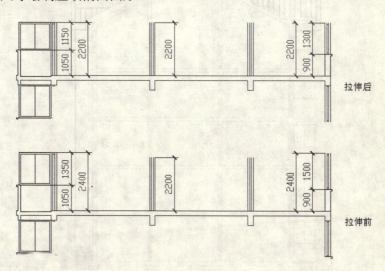

图 10-35 拉伸第 5 层

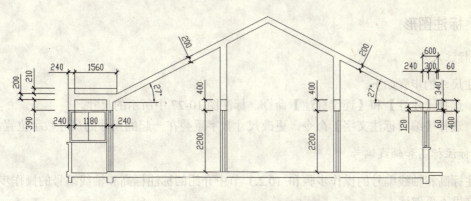

图 10-36 屋顶剖面图尺寸

(2)选择【直线】、【偏移】、【修剪】、【阵列】命令,绘制出沿剖切方向上剖开但未剖到的一些外部图形对象,如图 10-37 所示。

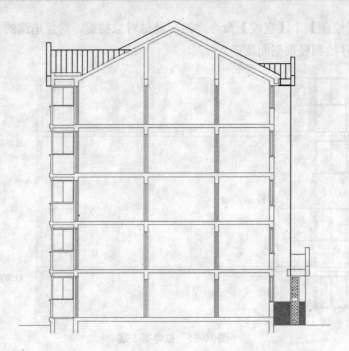

图 10-37　屋顶剖面图

10.3.3　标注图形

1. 标注尺寸

标注尺寸的步骤如下。

（1）选择【线性】和【连续标注】命令，标注图 10-27 中所示的尺寸。

（2）选择【编辑标注文字】命令，更改尺寸数字重叠在一起的尺寸的尺寸数字位置。

2. 标注标高和轴线编号

标注标高和轴线编号的操作步骤和 10.2.3 节中介绍的标注标高和轴线编号的操作步骤相同，这里不再叙述。

第三篇

AutoCAD 绘图操作

第三篇

AutoCAD 绘图操作

第 11 章 基 础 操 作

1.

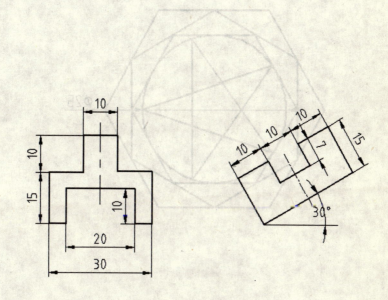

2.

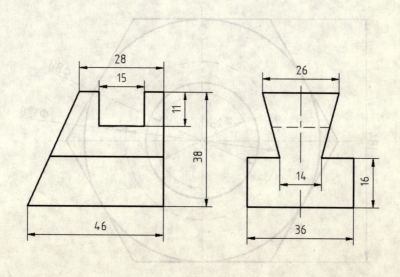

3.

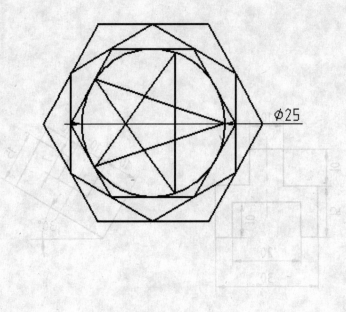

4.

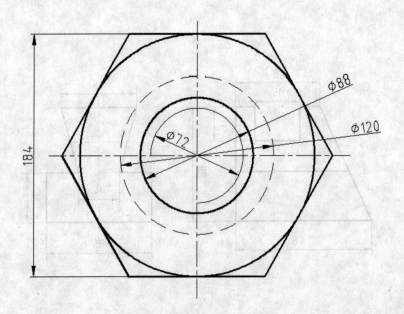

5.

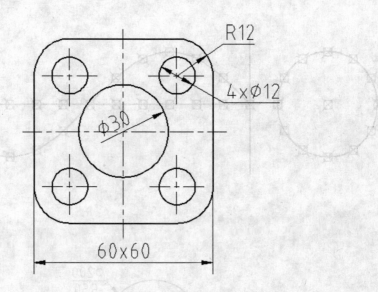

6.

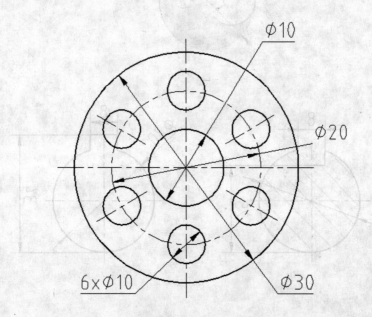

7.

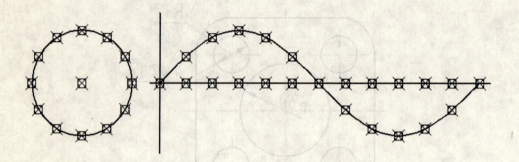

8.

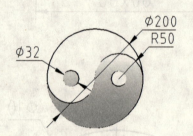

9.

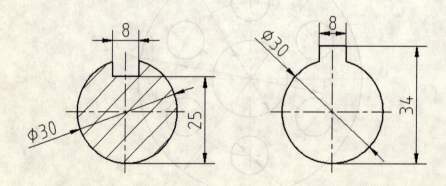

10.

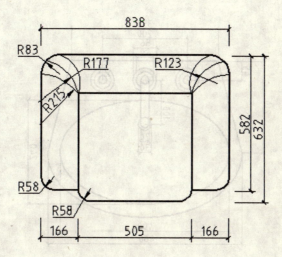

11.

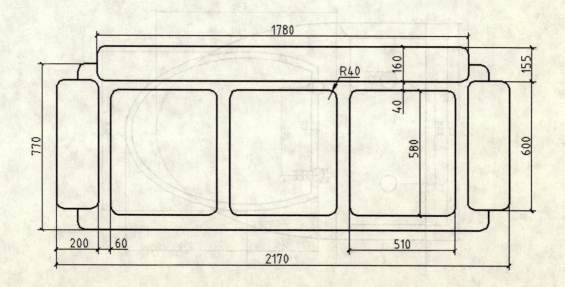

12.

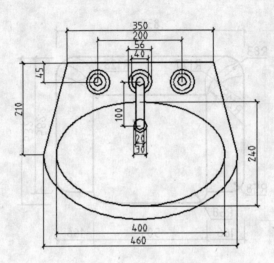

13.

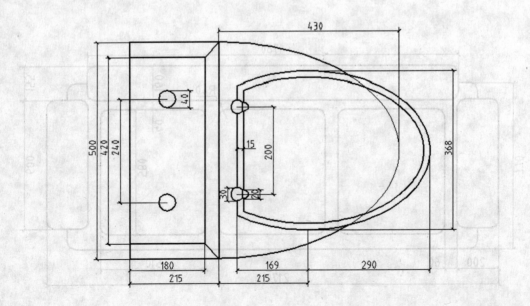

14.

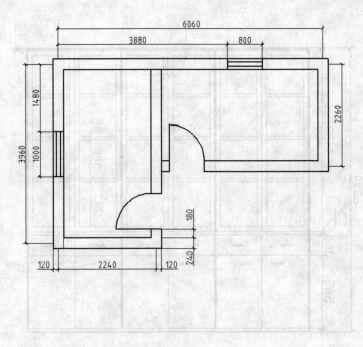

15.

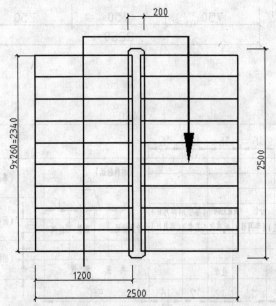

16.

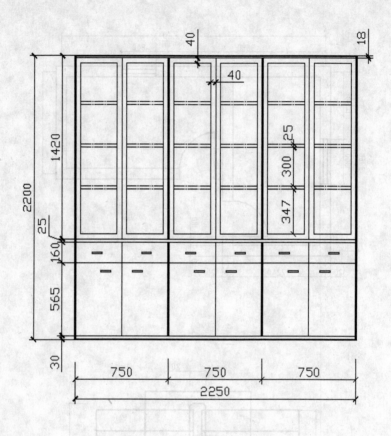

17.

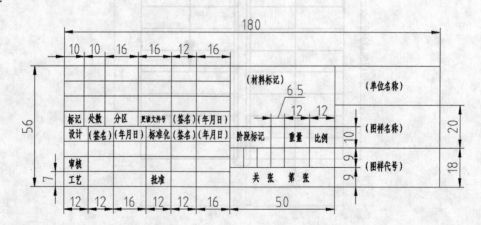

18.

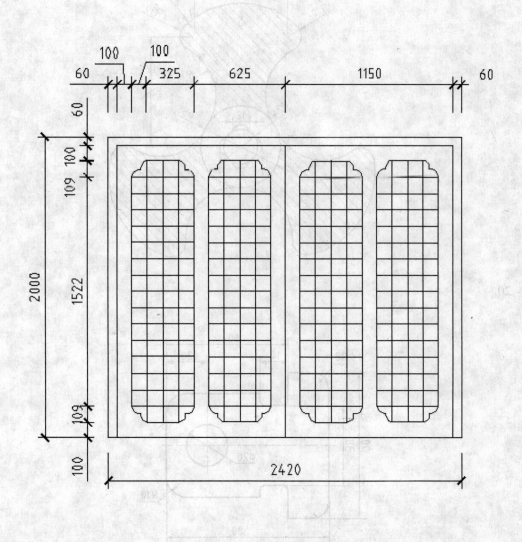

19.

20.

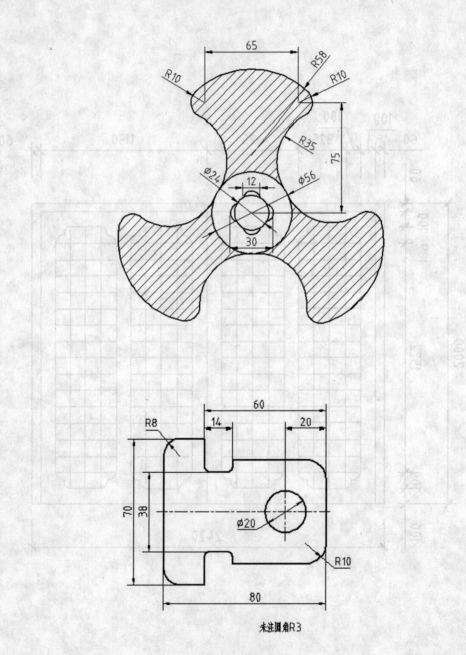

未注圆角R3

第 12 章 综合操作

1.

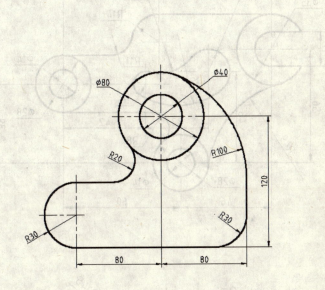

2.

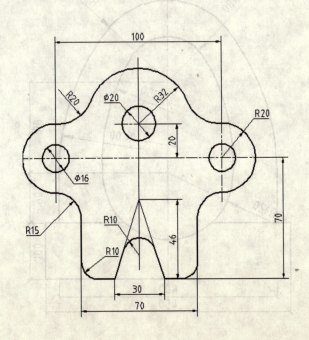

3.

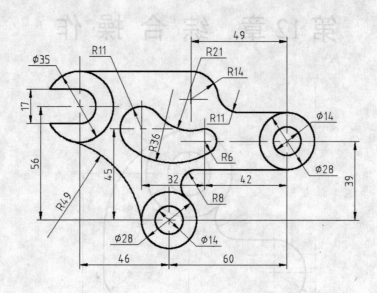

4.

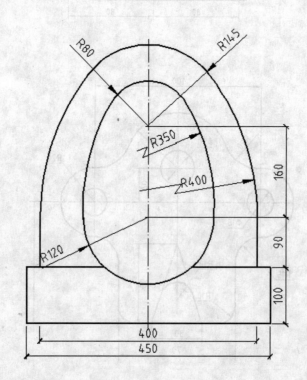

5.

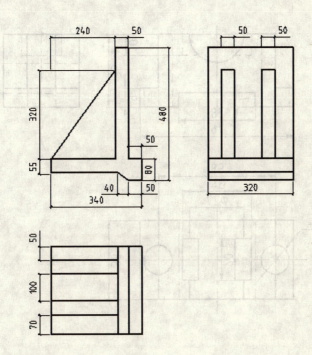

6.

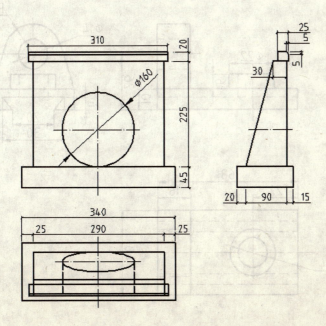

7.

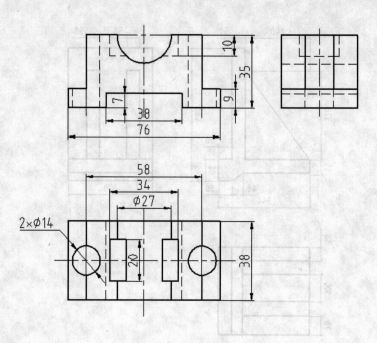

8.

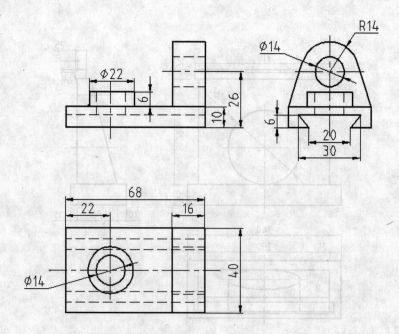

9.

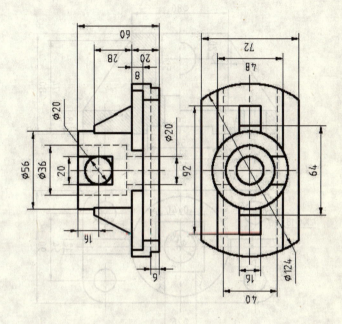

10.

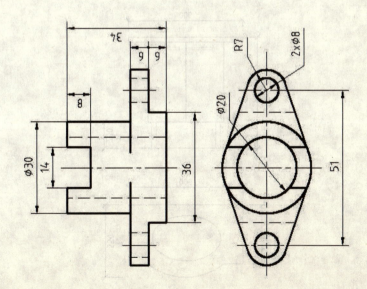

11.

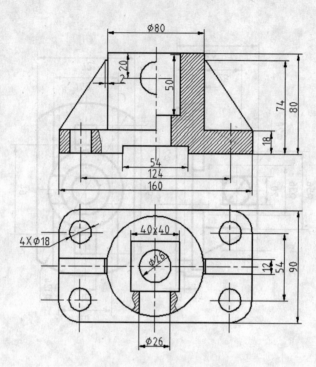

12.

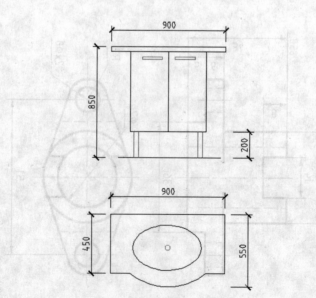

13.

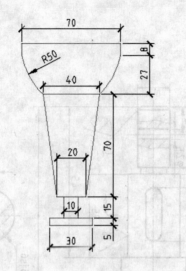

14.

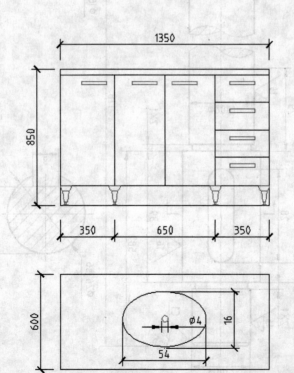

15.

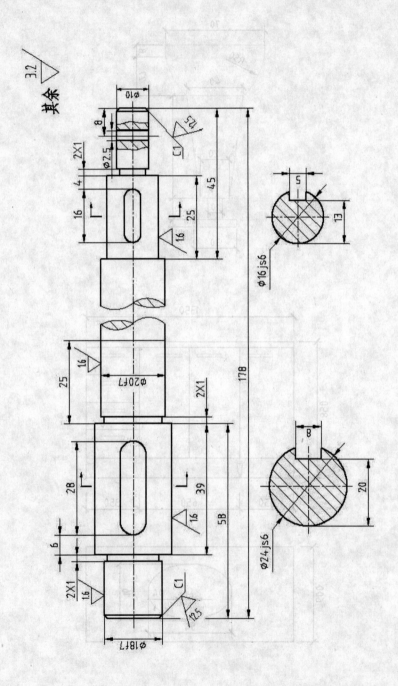

16.

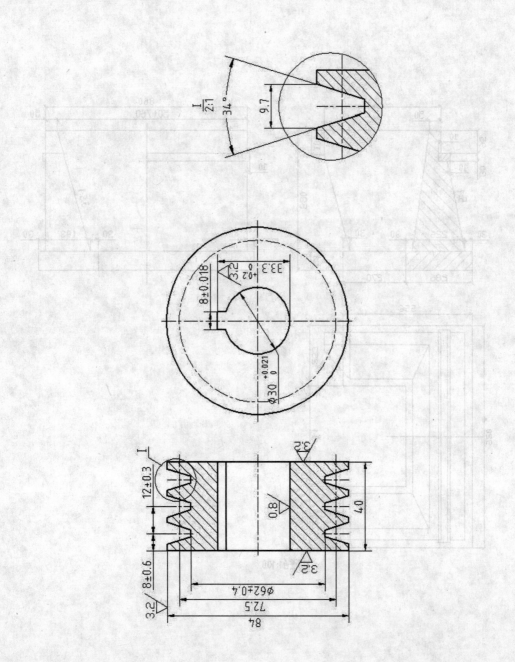

17.

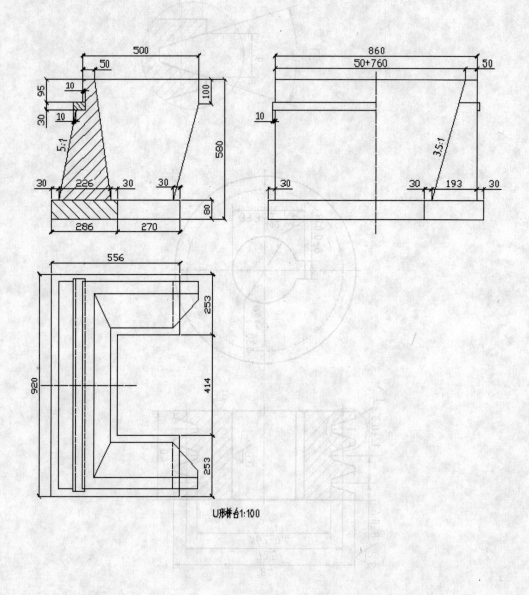

18.

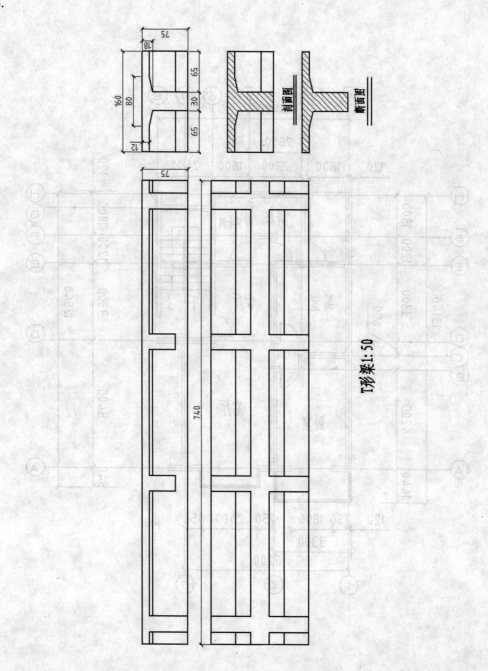

T形梁1:50

19.

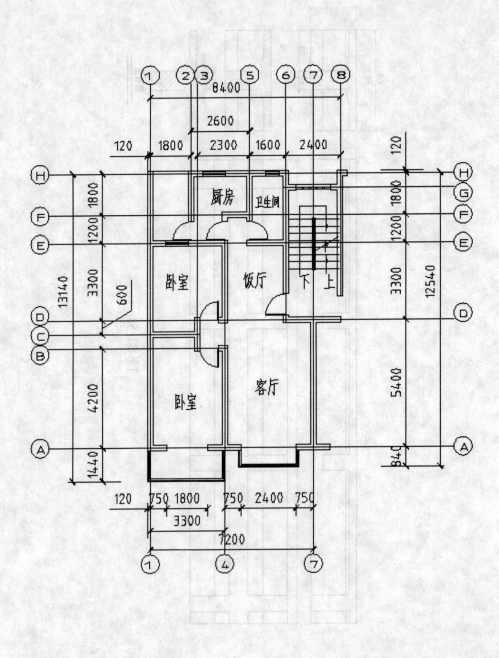

20.

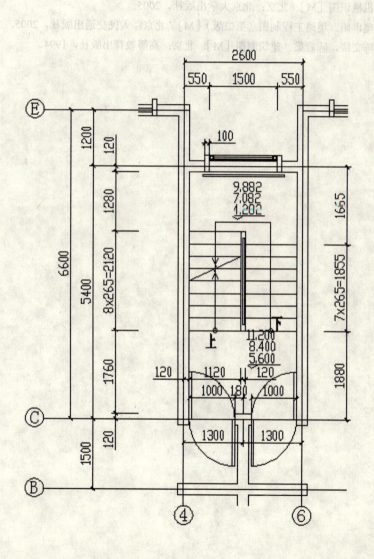

参 考 文 献

[1] 韩东霞. 机械识图 [M]. 北京：北京大学出版社，2005.

[2] 刘松雪，樊琳娟. 道路工程制图（第二版）[M]. 北京：人民交通出版社，2005.

[3] 何铭新，陈文耀，陈启梁. 建筑制图 [M]. 北京：高等教育出版社，1994.